U0394495

猪场消毒防疫实用技术

主　编　郑瑞峰　王玉田

副主编　赵　有　胡　楠　王承民

参　编　金银姬　刘　鑫　王宝中　牛庆斐　李志衍

　　　　李　毅　任晓明　翟新验　穆立田　李显和

　　　　张建伟　贾亚雄　亢文华　郭　峰　王　俊

　　　　翟秀娟　赵春颖　张彩萍　温富勇　郭生革

　　　　姚学军　靳月升　张宏宇　秦玉成　梅　婧

　　　　张文喜　孙春青　王秀芹　李复煌　王仁华

　　　　吕学泽　赵万全　刘海勇　薛　勇　高云玲

　　　　郭俊林　王以君　赵世海　刘金霞　杨龙峰

　　　　王　瑾　杨士清　张　翼　王　瑜　朱法江

　　　　见满振　丁保光　朱晓静　张庆国

主　审　何宏轩

机 械 工 业 出 版 社

本书主要介绍猪场消毒的基本概念及基础知识、猪场常用消毒设备及应用、常用消毒剂的介绍及其选用、猪场常用消毒方法及其适用性、消毒操作程序、保障猪场消毒效果的必要方法、消毒剂现场消毒效果的检测等方面内容。

本书内容系统、全面、实用，图文并茂，通俗易懂，可供广大养猪业管理人员、科技人员及养殖场（户）的相关人员使用。

图书在版编目（CIP）数据

猪场消毒防疫实用技术/郑瑞峰，王玉田主编．—北京：机械工业出版社，2015.10（2021.3重印）

（高效养殖致富直通车）

ISBN 978-7-111-52000-9

Ⅰ.①猪…　Ⅱ.①郑…②王…　Ⅲ.①养猪场-消毒②猪病-防疫　Ⅳ.①S858.28

中国版本图书馆 CIP 数据核字（2015）第 260011 号

机械工业出版社（北京市百万庄大街22号　邮政编码100037）
总　策　划：李俊玲　张敬柱　　　策划编辑：郎　峰　高　伟
责任编辑：郎　峰　高　伟　石　婕　责任校对：王　欣
责任印制：张　博
三河市国英印务有限公司印刷
2021 年 3 月第 1 版第 9 次印刷
140mm×203mm·6.125 印张·173 千字
标准书号：ISBN 978-7-111-52000-9
定价：25.00 元

前　言

近年来，在我国建设农业生态文明的新形势下，养猪业的生产方式发生了很大变化，迅速由传统养猪业向现代养猪业转变，由粗放型饲养向技术集约型、资源高效利用型、环境友好型转变，多种养殖方式和规模并存，给动物防疫工作提出了更新、更高的要求。同时，随着市场经济体制的不断推进，国内外动物及其产品贸易日益频繁，给各种畜禽病原微生物的污染传播创造了更多的机会和条件，加之畜禽养殖者对动物防疫及卫生消毒工作的认识普及和落实不够，传染病已成为制约养猪业前行的一个"瓶颈"，发生的猪病种类增多、病原体变异、毒力增强，细菌耐药性增强，多重感染、继发感染和综合征病增加，给养猪业带来很大损失和影响。全面做好养猪业传染性疾病的防控工作迫在眉睫。

在养猪生产中，防疫消毒是预防和控制猪场传染病发生流行的首要关键环节，也是保持猪场清洁卫生，消灭和根除病原微生物威胁和侵害的最有效的根本办法。

为此，结合当前养猪生产防疫消毒情况和笔者多年猪病防治工作中积累的经验做法，借鉴国内外目前有关实用技术资料，我们编写了本书。本书主要包括猪场消毒的基本概念及基础知识、猪场常用消毒设备及应用、常用消毒剂的介绍及其选用、猪场常用消毒方法及其适用性、消毒操作程序、保障猪场消毒效果的必要方法、消毒剂现场消毒效果的检测7个方面内容。

本书内容系统、全面、实用，图文并茂，通俗易懂，可供广大养猪业各层管理、科技、养殖场（户）等有关人员参考使用。

由于编写水平有限，书中难免有疏漏和不妥之处，敬请读者予以指正，以便今后重印或再版时予以修正。

编　者

目 录

前言

第一章　猪场消毒的基本概念及基础知识

一、消毒的概念 ……………… 1

二、消毒的作用 ……………… 1

三、消毒的方法 ……………… 4

四、消毒的种类 ……………… 5

五、消毒剂的分类 …………… 7

六、病原微生物对消毒的
　　敏感性 ………………… 8

七、无害化处理 ……………… 8

八、二次消毒 ………………… 8

第二章　猪场常用消毒设备及应用

一、物理消毒常用设备及
　　应用 ………………… 10

二、化学和生物消毒常用
　　设备及应用 ………… 21

三、消毒防护设备及
　　应用 ………………… 27

四、消毒效果检测设备
　　及应用 ……………… 32

第三章　常用消毒剂的介绍及其选用

一、常用消毒剂的
　　介绍 ………………… 35

二、常用消毒剂的选择
　　与使用 ……………… 44

第四章　猪场常用消毒方法及其适用性

一、清洁法 …………… 62

二、通风换气法 ……… 63

三、光线辐射法 ……… 64

四、蒸煮法 …………… 65

五、火焰法 …………… 66

六、喷雾法 …………… 67

七、浸泡法 ……………… 70

八、喷洒法 ……………… 70

九、冲洗擦拭法 ………… 71

十、拌和法 ……………… 71

十一、撒布法 …………… 72

十二、熏蒸法 …………… 72

十三、饮水法 …………… 74

十四、发泡法 …………… 78

十五、生物热消毒法……… 79

第五章　消毒操作程序

一、消毒前的准备工作 …… 80

二、消毒剂的配制 ……… 80

三、空舍消毒 …………… 83

四、带猪消毒 …………… 85

五、猪场各生产环节的
　　消毒 ………………… 88

六、户（舍）外消毒 …… 89

七、进出人员消毒 ……… 91

八、进出车辆消毒 ……… 91

九、器具消毒 …………… 99

十、手和工作服的消毒 … 99

十一、粪污的消毒 ……… 102

十二、病死猪尸体消毒 … 106

十三、猪场受疫病威胁及
　　　发病时的消毒（紧
　　　急和终末消毒）… 108

第六章　保障猪场消毒效果的必要方法

一、制订全面消毒计划，
　　认真执行 ………… 113

二、保持猪场日常清洁
　　卫生 ……………… 114

三、明确消毒剂在猪场
　　消毒中的适用
　　范围 ……………… 114

四、注意消毒剂的配伍
　　禁忌 ……………… 114

五、处理好猪群免疫接种
　　与消毒的关系 …… 115

六、尽力消除光照、温
　　度与湿度对消毒的

影响 ……………… 115

七、饮水消毒应注意的
　　问题 ……………… 116

八、根据病原微生物的特
　　性选择使用消毒剂 … 116

九、降低消毒药液表面
　　张力 ……………… 116

十、对消毒后的废水进行
　　适当处理 ………… 117

十一、做好消毒记录 … 117

十二、对消毒效果适时进
　　　行评价，及时调整
　　　消毒方法和用药 … 117

第七章 消毒剂现场消毒效果的检测

一、常用消毒效果检测试剂
　　和培养基及其制备 ··· 118

二、现场采样技术 ········· 121

三、实验室检测技术 ······· 128

附　录

附录 A　中华人民共和国动物
　　　　防疫法 ············· 137

附录 B　无规定动物疫病区
　　　　管理技术规范
　　　　（试行） ··········· 154

附录 C　口蹄疫消毒技术
　　　　规范 ············· 157

附录 D　病害动物和病害动
　　　　物产品生物安全
　　　　处理规程 ·········· 165

附录 E　规模猪场兽医防疫
　　　　规程 ·············· 169

附录 F　规模猪场环境参数
　　　　及环境管理 ········ 173

附录 G　畜禽规模养殖污染
　　　　防治条例 ········· 177

附录 H　猪病种名录 ········ 185

附录 I　某猪场消毒管理
　　　　制度 ············· 185

参考文献

第一章
猪场消毒的基本概念及基础知识

一 消毒的概念

消毒是指用物理的、化学的和生物学的方法杀灭或清除动物体表及外环境中病原微生物及其他有害微生物，使其达到无害化的处理。猪场消毒是针对病原微生物和其他有害微生物的，不要求清除或杀灭所有微生物，它是相对的，而不是绝对的，只要把有害微生物的数量减少到无害的程度即可，没有必要把所有病原微生物全部杀灭。但在某些实验性或特殊工作要求情况下，需要杀灭或清除所有微生物，使环境达到无菌状态，这就是灭菌。灭菌是绝对的，不是相对的，在猪场防疫消毒中很少用或不用，只是猪场兽医室或实验室常用，如对兽医防疫器械、兽医室敷料、药品、注射液、注射器消毒处理等。细菌芽胞和某些抵抗力强的病毒，采用一般的消毒措施不能将其杀灭，对这些病原体污染的猪场器具物品，需要采取杀灭措施，进行灭菌。

二 消毒的作用

凡是有猪饲养的地方，就必定缺少不了消毒环节。一提到养猪，就会想到要进行环境卫生消毒。在一定程度上说，环境卫生关系到猪场的存亡。养猪场进行消毒工作，就是为了控制和消灭传染病和保证猪产品卫生质量，促进养猪业健康、稳定地发展，保障人民的身体健康。猪传染病的发生和流行是由传染源、传播途径和易感猪三个环节相互联系所引起的，消灭和控制传染病的发生就是要采取措施消除或切断三个环节之间的相互关系，以阻止传染病的流行和传播。消毒就是消除和切断三个环节相互关联的其中一项重要措施，其具体作用可以概括为以下几点。

1. 消灭或减少各种致病微生物，预防传染病的发生和流行

在动物传染病的防治上，兽医卫生消毒的作用环节主要是在病原传播给畜禽所经过的途径。也就是说要通过消毒这一防治畜禽传染病的重要措施，阻断病原体对猪群等的传播或继续传播，防止病原体传染给动物。这个传播途径就是指病原微生物自传染源（也称传染来源，就是易受感染的猪等动物，包括染病的病猪和带菌、带毒的猪，也就是患病猪和带菌猪）排出后，经一定的方式再侵入其他易感猪所经过的途径。主要有以下两种方式：

① 直接接触传播，即病原体通过被感染的动物（传染源）与易感动物交配、舔咬等引起的传播。以此种方式传播的传染病为数不多，也不易造成广泛的流行。

② 大多数传染病都是以间接接触（经某些中间环节）传播为主要传播方式，主要是通过空气（飞沫、飞沫团、尘埃），污染的饲料和饮水，污染的土壤，活的媒介物如节肢动物虻类、蝇、蚊、蠓、家蝇和蜱等，鼠类，饲养人员和兽医人员等传播媒介进行传播。由于不同传染病传播途径的不同，针对每种病的消毒重点也不同。经过消化道传播的传染病，如仔猪副伤寒、猪痢疾、猪瘟等，通过被病原微生物污染的饲料、饮水、饲养工具等传播，所以搞好环境卫生，注意加强饲料、饮水和饲养工具等的消毒，在预防这类传染病上有重要作用。经呼吸道传播的传染病，如猪气喘病、猪肺炎霉形体病、猪流行性感冒、结核病、腺病毒感染、疱疹病毒感染等，被感染的猪只在呼吸、咳嗽时将病原微生物排入空气中，并污染环境中的物体（猪舍、猪体、饲料、水源、土壤、饲养员、用具、衣物等）表面，然后通过飞沫、尘埃等媒介传染给猪群。这就要求重点对猪舍空气和物体表

面加强消毒。图 1-1～图 1-3 为消毒前后采样细菌菌落生长情况检测对比。

2. 为养猪生产持续稳定发展提供重要保障

当前，已知猪的疫病有 60 多种，疫病对猪场的威胁无时不在、无处不有。预防病原微生物对猪只的感染发病，是猪场的首要防疫工作，其中消毒就是一个最关键的基础性防控环节，需要对猪场环境、猪只体表、体腔、黏膜、用具、人员等进行消毒防护。如果没有建立和不执行长期一贯的消毒制度，就可能对猪场造成毁灭性的病害损失。消毒是保障养猪生产持续正常进行的一项重要保障性措施。

图 1-1　消毒前采样细菌菌落检测

图 1-2　消毒后采样细菌菌落检测

图 1-3　消毒前后菌落计数对比

（红框内为消毒后）

3. 控制传染病

当猪场或猪只已经被污染或传染，可经过及时采取适当消毒措施，来杀灭病原体，控制疫病继续传播和流行，防止全场遭受疫病侵袭。

4. 防止人畜共患病的发生

人、猪共患的疫病，如布氏杆菌病、炭疽、破伤风等，可严重危害人的健康。鼠疫、霍乱、流感和 SARS 等给人的生命健康带来过很大的灾难和损失。通过全面定期的消毒，可以防控这些人、猪共患病的发生与流行，可最大限度地减少和防止其对人类健康的危害。

5. 保障畜产品安全

养猪业给人类提供了源源不断的重要的优质食品。但猪场环境不卫生，常常遭到污染，不仅会因为病原微生物多、含量高而引起猪群发病，而且还会直接影响到猪肉产品质量，可使肉产品带上病原体及有害分泌物，残留治疗药物等，威胁着人的食品安全。

6. 是做好免疫工作的基础保障

猪群的任何一种免疫都需要经过一定时间才能产生抗体。如果免疫后猪只还没能产生足够的抗体，此时若有大量病原微生物存在，且不能及时消除，就会造成病原微生物乘虚而入，引起猪只乃至猪群感染发病，致使免疫失去作用而失败。消毒是做好猪场疫病防控的不可或缺的基础工作，一般情况下比免疫更重要。

三 消毒的方法

不同的病原微生物种类及所处的环境条件不同其适应力和抵抗力有较大差异，在对养猪场不同位置、器具和生产环节进行消毒时，要运用不同的消毒方法。常用的消毒方法有物理消毒法、化学消毒法和生物消毒法。

1. 物理消毒法

物理消毒法是指应用物理因素杀灭或清除病原微生物及其他有害微生物的方法。通过使用自然和人工的光线照射、清除、辐射、煮沸、干热、湿热、火焰焚烧及过滤除菌、超声波、激光、X射线等物理技术手段对猪只及其环境和各种器械进行消毒。在猪场中常用的具体方法有清洁法、通风换气法、光线辐射法、蒸煮法、火焰法。这些方法简便经济易操作。

2. 化学消毒法

化学消毒法是指使用化学药物（或消毒剂）杀灭或清除病原微生物的方法，是猪场中最常用的消毒方法，主要应用于猪场内外环境、猪舍、料槽、水槽、各种物品表面及饮水的消毒。在猪场中常用的化学消毒法有喷雾法、浸泡法、喷洒法、冲洗擦拭法、熏蒸法、饮水法、发泡法等。

3. 生物消毒法

生物消毒法是指利用自然界中广泛存在的微生物在氧化分解污物（如垫草、粪便等）中的有机物时所产生的大量热能来杀灭病原微生物的方法。在当今现代健康养殖生产中，生物消毒法被广泛应用并不断取得进展，成为猪场积极采用的有效消毒方法，有力推动清洁环保生态畜牧业发展。在养猪生产中的主要方法有发酵池法（地面泥封堆肥发酵法、地上台式堆肥发酵法和坑式堆肥发酵法等）、堆粪法、沼气池发酵法等。

四 消毒的种类

按照猪场实施消毒的目的，可将消毒分为预防消毒、紧急消毒和终末消毒三种。

1. 预防消毒

对健康猪或隐性感染猪，在没有发现有某种疫病的病原微生物感染或存在的情况下，对猪场可能受到某些病原微生物或其他有害微生物污染的场所和环境（猪舍、猪场场区、用具、饮水等）进行的消毒，称为预防消毒，又称定期消毒。此外，猪场的兽医室、门卫、饮水、饲料、运输车辆等都应进行预防消毒，以达到预防传染病的目的。此外，养猪生产和兽医诊疗中对诊疗室器械等进行的消毒亦属于预防消毒。预防消毒已成为猪场日常防疫管理工作，是做好猪病预防的重要措施之一。

预防消毒可根据猪场的具体情况制订消毒计划，一般2~3天或1周进行1次消毒即可，大多采用中效消毒剂。

2. 紧急消毒

紧急消毒是疫源地消毒的一种，指动物已经发病或面临烈性传染病的威胁时实施的消毒，又称随时消毒（或临时消毒、控制性消毒）。在猪场发生疫情时，应根据传染病的种类及消毒对象选择合适的消毒方法和消毒剂，对猪场场区、猪舍、排泄物和分泌物及被污染的场所和用具等及时进行消毒，其目的是为了消灭传染源（病猪）排泄在猪场外环境中的病原微生物，切断传播途径，防止疫病的扩散蔓延，把疫病的发生控制在最小范围。当猪场周围及猪场内有传染源存在时，对正流行某一传染病时的猪群、猪舍或其他正在发病的动物群体及畜舍进行的消毒，目的是及时杀灭或清除感染及发病猪只排出的病原体。

3. 终末消毒

终末消毒也是疫源地消毒的一种，指猪场发生疫病流行后，待全部病猪处理完毕（即当猪群痊愈或最后一只病猪死亡后，经过2周再没有新的病例发生），在疫区解除封锁之前，为了消灭疫区内可能存留的病原体所进行的全面彻底的消毒。在猪发病或因死亡、扑杀等方法清理后，对被这些发病及死亡的猪只污染的环境（圈、舍、物品、工具、料槽、水槽及周围空气等整个被传染源所污染的外环境及其分泌物或排泄物）所进行的全面彻底的消毒都是终末消毒，是为了彻底地消灭传染病的病原体而对疫源地进行的最后一次消毒。终末消毒通常只进行一次，对被发病动物污染的环境进行全面消毒，不仅对患病动物周围的一切物品、畜禽舍等进行消毒，有时对痊愈的畜禽体表也要进行消毒。对由条件性致病菌和在外界环境中存活力不强的微生物引起的疾病可以不进行终末消毒。

五　消毒剂的分类

消毒剂指用于杀灭或清除猪体表及外环境中病原微生物及其他有害微生物的化学药物。根据消毒剂杀灭细菌的程度和用途，将消毒剂分为高效消毒剂、中效消毒剂和低效消毒剂三种。

1. 高效消毒剂

高效消毒剂指可杀灭一切细菌繁殖体（包括分枝杆菌）、病毒、真菌及其孢子等，对细菌芽胞（致病性芽胞菌）也有一定杀灭作用，达到高水平消毒要求的制剂，包括含氯消毒剂、臭氧、醛类、过氧乙酸、环氧乙烷、过氧化氢、双链季铵盐等。

2. 中效消毒剂

中效消毒剂指仅可杀灭分枝杆菌、真菌、病毒及细菌繁殖体等微生物，不能杀灭细菌芽胞，达到消毒要求的制剂，包括含碘消毒剂、醇类消毒剂、酚类消毒剂等。

3. 低效消毒剂

低效消毒剂指仅可杀灭抵抗力比较弱的细菌繁殖体和亲脂囊膜病毒，不能杀灭细菌芽胞、真菌和结核杆菌，也不能杀灭肝炎病毒等抵抗力强的病毒或细菌繁殖体，达到消毒要求的制剂。这类消毒剂主要包括苯扎溴铵等季铵盐类、氯已定（洗必泰）等双胍类消毒剂，还有汞、银、铜等金属离子类消毒剂和中草药消毒剂。

低效消毒剂一般用作防腐剂，可杀灭或抑制猪体活组织上微生物的生长繁殖，防止猪只感染。防腐剂和消毒剂是根据用途和

第一章　猪场消毒的基本概念及基础知识

7

特性分类的，两者之间并无严格的界限，低浓度的消毒药仅能抑菌，而高浓度的防腐药也能杀菌，主要取决于使用的浓度、pH、温度、病原微生物的种类等因素。

六　病原微生物对消毒的敏感性

不同的微生物对不同类消毒剂的敏感性不同，应该根据养殖场及周围疫病的流行特点选择敏感的消毒药。微生物对消毒因子的敏感性从高到低的顺序为：

1）亲脂病毒（有脂质囊膜的病毒），如口蹄疫病毒、流感病毒等。

2）细菌繁殖体、支原体、衣原体、螺旋体、立克次氏体，如大肠杆菌、沙门氏杆菌、布鲁氏菌、鸡败血支原体、鹦鹉热衣原体等。

3）真菌，如黄曲霉菌等。

4）亲水病毒（没有脂质囊膜的病毒，即裸病毒），如圆环病毒等。

5）分枝杆菌，如结核分枝杆菌等。

6）细菌芽胞，如炭疽杆菌芽胞、枯草杆菌芽胞等。

七　无害化处理

当前猪场最常进行的就是将病害及病死猪及其排泄物和各种污物进行无害化处理（消毒），消灭其中的病原微生物，杀灭病死猪分泌排出的有活性的毒素和对人、猪有害的化学物质，包括销毁、化制和深埋。当前猪场一般不采用深埋的方式进行无害化处理。

八　二次消毒

一般消毒程序有两种，一种是利用消毒剂直接进行消毒，另一种是先清除被消毒对象的有机物再进行消毒，这两种消毒程序都具有一定的弊端。二次消毒技术是在普通消毒程序的基础上通过第一次消毒→清洗→第二次消毒的程序进行消毒,这样可以提高消毒的效率,同时从生物安全考虑可以避免病原微生物的扩散。因此在疫源地消毒程序中应当采用二次消毒技术。第一次消毒采用的消毒剂在剂量和浓度上要大于第二次消毒。

—— 第二章 ——
猪场常用消毒设备及应用

一 物理消毒常用设备及应用

1. 机械清扫、冲洗设备

一般使用高压清洗机（图2-1），主要用于冲洗猪场场区、猪舍建筑、猪场设施、设备、车辆等。以最大喷洒量450L/h 的高压清洗机为例，其由带高压管及喷枪柄、喷枪杆、三孔喷头、洗涤剂液箱及系列控制调节件组成，内藏式压力表置于枪柄上，三孔喷头有强力、扇形、低压三种喷嘴状态。操作时可连续调节压力

图2-1 高压清洗机

和流量，同时设备本身还带有溢流装置及流量调节阀的清洁剂入口，使整个设备坚固耐用，操作方便，常用于大面积消毒。

2. 紫外线照射消毒设备

一般都使用紫外线消毒灯（低压汞灯）（图2-2～图2-4）进行紫外线照射消毒，用于空气及物体表面消毒。

（1）消毒基本原理 通过一定时间的紫外线照射，使维系物体表面细菌及病毒生命的核蛋白核酸分子发生变性，使其生理活

性被破坏。吸收的紫外线能量达到致死量，就会引起细菌病毒等病原微生物的大量死亡。紫外线杀菌效力与其能量的波长有关，一般能量在250～260nm波长范围内的紫外线杀菌效力最高，效果最好。

图2-2　紫外线消毒灯及消毒走廊

图2-3　壁挂式紫外线消毒灯

一般猪场消毒常用的紫外线消毒灯都是热阴极低压汞灯。这种灯是用钨制成双螺旋灯丝，再涂上碳酸盐混合物，通电后电极发热使碳酸盐混合物分解，并能发射出电子，电子轰击灯管内的汞蒸气原子，产生相应的氧使其激发产生波长为253.7nm的紫外线。一般国内猪场通常用的紫外线消毒灯其光的波长绝大多数在253.7nm左右。普通紫外线灯发射出的紫外线有部分是波长为184.9nm的，可产生臭氧，一般可以闻到臭氧的异味，这种

图2-4　移动式紫外线消毒灯

灯也称为臭氧紫外线灯。低臭氧紫外线灯的灯管玻璃中含有可吸收波长小于200nm紫外线的氧化钛，所以产生的臭氧量很少；高臭氧紫外线灯在照射时可辐射较大比例波长（184.9nm）的紫外线，所以可产生较高浓度的臭氧。市场上出售的紫外线灯有多种形状，直管形、H形、U形等，功率从几瓦到几十瓦

不等，使用寿命在 300h 左右。

（2）使用方法　一种方式是将紫外线灯固定在某一位置进行照射消毒，一般是悬挂、固定在天花板或墙壁上，向下或侧向照射。该方式多用于需要经常进行空气消毒的场所，如猪场兽医室、进场大门消毒室、无菌室等。另一种方式是移动式照射，将灯管装在活动式的灯架下，此方式适用于不用经常进行消毒或不便于安装紫外线灯的场所。不同的照射强度，消毒效果不一样，如果达到足够的辐射度可以获得较好的消毒效果。

（3）消毒的注意事项

1）选用合适的反光罩，增强紫外线灯光的辐射强度。

2）注意保持灯罩的清洁，定期清洁灯管。

3）照射消毒时，应关闭门窗；不要直视灯管，以免伤害眼睛（紫外线辐射可以引起结膜炎和角膜炎）；对人员照射消毒时间为20～30min。

4）紫外线对空气消毒时应适当增加紫外线的照射强度和剂量，因为空气消毒效果会受猪舍内外环境影响，如空气的湿度和尘埃对紫外线的吸收。如空气尘粒为 800～1000 个/cm^3，杀菌效果将降低 20%～30%。

3. 干热灭菌设备

（1）电热干烤灭菌设备

1）主要设备。主要设备是电热鼓风干烤箱（图 2-5），适用于干燥的玻璃器皿，如烧杯、烧瓶、吸管、试管、离心管、培养皿、玻璃注射器、针头、滑石粉、凡士林及液状石蜡等的灭菌。在干热的情况下，由于热的穿透力较低，灭菌时间较湿热法长。具体方法是将待

图 2-5　电热鼓风干烤箱

消毒的物品放入烘烤箱内,使温度逐渐上升到160℃,并维持2h。不同器具干热灭菌的温度和时间不同(表2-1)。干热灭菌时,一般细菌的繁殖体在100℃下经过1.5h才能杀灭,芽胞则需在140℃下经过3h才能被杀灭,真菌孢子在100~115℃下经过1.5h可以被杀灭。

表2-1 不同物品干热灭菌的温度和时间

物品类别	温度/℃	时间/min
金属器材(刀、剪、镊子等)	150	60
注射油剂、口服油剂(甘油、石蜡等)	150	120
凡士林、粉剂	160	60
玻璃器材(试管、吸管、注射器、量筒、量杯等)	160	60
装在金属筒内的玻璃器材	160	120

2)注意事项

① 消毒灭菌器械应洗净后再放入干烤箱内,以防附着在器械上的污物炭化。对玻璃器材进行灭菌时,应在消毒前将其洗净并干燥,不要与干燥箱的底和壁直接接触,灭菌结束后,应待干燥箱温度降至40℃以下时再打开干燥箱,以防灭菌器械炸裂。

② 消毒物品包装不宜过大,干烤物品体积不能超过烤箱容积的2/3,且物品之间应留有空隙,这样有利于空气流通。粉剂和油剂不要太厚(一般小于1.3cm),有利于热的穿透。

③ 棉织品、合成纤维、塑料制品、橡胶制品、导热差的物品及其他在高温下易损坏的物品,不可用干烤灭菌。灭菌过程中,不得在高温下中途打开烤箱,以免引燃灭菌物品。

④ 灭菌时间应从温度达到要求时算起。

(2)火焰灭菌设备 火焰烧灼灭菌是猪场消毒的一种常用消毒方法,其使用的设备主要是火焰专用型喷灯和喷雾火焰兼用型的喷灯，用其产生的火焰直接烧灼消毒物品，可以立即杀死存在于消毒对象的所有病原微生物。

1）火焰专用型喷灯（图2-6～图2-9）。火焰喷灯是利用汽油或煤油做燃料的一种工业用喷灯。其喷出的火焰具有很高的温度，在猪场消毒中常用于消毒各种被病原体污染的金属制品，如金属用具、笼具等。在消毒时喷烧时间不要过长，以免烧坏被消毒物品。在消毒过程中还要按一定顺序进行，以免发生遗漏，有消毒不到的地方。

图2-6　手持汽油火焰喷灯

图2-7　手持柴油火焰喷灯

图2-8　酒精喷灯

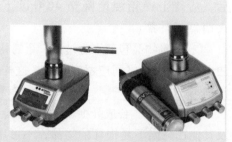
图2-9　安全火焰灭菌灯

2）喷雾火焰兼用型喷灯。这种喷灯的特点是使用轻便，适用于大型机械无法操作的地方，易于携带，适宜在室内外使用，方便快速，操作容易；采用全不锈钢制作而成，机件坚固耐用；节省药剂，可根据被消毒的场所和目的，用旋转式药剂开关控制药量；节省人工费用，用 1 台喷雾火焰兼用型喷灯（图 2-10 ~ 图 2-12）能达到 10 台手压式喷雾器的作业效率。兼用型火焰喷灯可以喷出直径 5 ~ 30 μm 的小粒子雾浸透到全部表面，达到最佳消毒效果（图 2-13）。

4. 湿热灭菌设备

这种物理消毒方法灭菌效力较强。在相同温度下，湿热的灭菌效力比干热灭菌好。其原因如下：

图 2-10　喷雾火焰兼用型喷灯

图 2-11　喷雾火焰兼用小型喷灯

图 2-12　博威牌（BOSCHWISE）系列喷雾火焰兼用型喷灯

图 2-13　对环境进行喷雾消毒

1）热蒸汽对细胞成分的破坏作用更强，水分子的存在有助于破坏维持蛋白质三维结构的氢键和其他相互作用的弱键，

更易使蛋白质变性。蛋白质变性与水的含量有关，环境和细胞含水量越大，其凝固越快，蛋白质含水量与其凝固温度成反比。

2）热蒸汽比热空气穿透力强，能更有效地杀灭微生物。

3）蒸汽存在潜能，当气体转变成液体时可释放出大量热能，可迅速提高灭菌物体的温度。

（1）煮沸消毒设备及使用注意事项　这种消毒法主要适用于消毒器具、金属玻璃制品、棉织品等。消毒锅一般使用的是金属容器，利用这种设备蒸煮方法简单、实用、杀菌效果好且可靠，是最古老的的消毒方法之一。煮沸消毒时要求水沸腾 5 ~ 15min。一般水温达到 100℃，细菌繁殖体、真菌、病毒等能立即被杀死。杀死细菌芽胞需要的时间比较长，一般要 15 ~ 30min，有的需要几个小时才能杀死。煮沸消毒时，在水中加入增效剂可以提高消毒效果。如在浸泡金属器械的水中加入 2% 的碳酸钠（按水量计），煮沸 5min 即可以达到灭菌要求，同时还可以防止器械生锈，保持刀具的锋利性。

煮沸消毒时需要注意以下几点。

1）消毒前应先对被消毒物品进行清洗，再煮沸。除玻璃制品外，其他消毒物品应在水煮沸腾后加入。

2）被消毒物品应完全浸入水中，且不超过消毒锅总容量的 3/4。

3）煮沸消毒时应盖严，以保持消毒所需的温度；消毒时间从水沸腾后算起。

4）为保证消毒的效果，高原地区海拔高度每增加 300m 应延长煮沸时间 2min，或用压力锅煮沸消毒 10min。

5）消毒过程中如果中途需加入物品，要待水煮沸后重新计算时间。

6）棉织品消毒时应适当搅拌；消毒注射器材时，针筒、针头等应拆开分放。

7）经煮沸灭菌的物品，"无菌"有效期不超过6h。

8）一些塑料制品等不能采用煮沸消毒；已明确污染某种致病菌的物品，必须单独进行消毒。

（2）蒸汽灭菌消毒设备及使用注意事项 蒸汽灭菌设备主要是手提下排气式压力蒸汽灭菌器（图2-14），一般配有消毒器械包装盒（图2-15、图2-16），是猪场兽医室、实验室等场所常用的小型高压蒸汽灭菌器。这类灭菌器一般容积约18L，重10kg

图2-14　高压蒸汽灭菌器（锅）

左右，下部有排气孔，用来排放灭菌器内的冷空气。高压蒸汽灭菌器内压力和冷空气排出程度与温度的关系，见表2-2。

图2-15　蒸汽消毒器械盒（圆形）

图2-16　蒸汽消毒器械盒（方形）

表2-2　高压蒸汽灭菌器内压力和冷空气排出程度与温度的关系

表压/（kg/cm²）	表压/MPa	排出不同程度冷空气时，高压灭菌器内的温度/℃				
		全排出	排出2/3	排出1/2	排出1/3	零排出
0.35	0.034	109	100	94	90	72
0.70	0.069	115	109	105	100	90

（续）

表压/(kg/cm²)	表压/MPa	排出不同程度冷空气时,高压灭菌器内的温度/℃				
		全排出	排出2/3	排出1/2	排出1/3	零排出
1.02	0.1	121	115	112	109	100
1.43	0.14	126	121	118	115	109
1.73	0.17	130	126	121	118	115
2.14	0.21	135	130	128	126	121

1）使用方法

① 在容器内盛水约3L（如果是电热式的则要加水至覆盖底部电热管）。

② 将要消毒的物品连同盛物的桶一起放入灭菌器内,将盖子上的排气软管插入铝桶内壁的方管中。

③ 盖好盖子,拧紧螺丝。

④ 加热,在水沸腾后1~15min,打开排气阀门,放出冷空气,待冷空气放完关闭排气阀门,使压力逐渐上升到设定值,维持预定时间后,停止加热,待压力降至常压后,即可取出被消毒物品。

⑤ 如果消毒的是液体,则应慢慢冷却,以防因减压过快造成液体猛烈沸腾而冲出瓶外,甚至造成玻璃瓶破裂。

2）注意事项

① 消毒物品应先进行洗涤等预处理,再进行高压灭菌。

② 压力蒸汽灭菌器内空气应充分排出。如果压力蒸汽灭菌器内空气不能完全排出,此时尽管压力表压力读数达到灭菌压力,但被消毒物品内部温度低、外部温度高,致使蒸汽的实际温度并未达到要求,导致灭菌失败。这是一种最常见的问题,一定要注意,否则费时、费力、影响工作。一般当压力升至13.79kPa或20.68kPa时,缓缓打开气门,排出灭菌器中的冷空气,然后再关闭气门,使灭菌器内的压力再度上升。这和我们通常在家里使用

高压锅蒸煮食物是同样的道理和方法。

③ 要准确合理计算灭菌时间。压力蒸汽灭菌时间应从灭菌器内达到要求温度时开始计算，至灭菌完成时为止。灭菌时间一般包括热力穿透时间、微生物热死亡时间和安全时间。

a. 热穿透时间：即从消毒器内达到灭菌温度至消毒物品中心部分达到灭菌温度所需时间，这个时间长短与被消毒物品的性质、包装方法、体积大小、放置状况、灭菌器内空气残留情况等因素有关。

b. 微生物热死亡时间：即杀灭微生物所需要的时间。一般用杀死嗜热脂肪杆菌芽胞的时间来表示，115℃为30min，121℃为12min，132℃为2min。

c. 安全时间：充分杀灭的安全消毒时间，一般为微生物热死亡时间的一半。一般下排式压力蒸汽灭菌器总共所需灭菌时间是：115℃为30min、112℃为20min、126℃为10min。此时的温度是根据灭菌器上的压力表所示的压力数来确定的，当压力表显示1个标准大气压时，灭菌器内温度为121℃；当显示1.36个标准大气压时，灭菌器内温度为126℃。高压蒸汽灭菌器内产生的蒸汽压力与温度成正比，即压力越高，温度也越高。各种物品消毒所需蒸汽压力、温度和时间，见表2-3。橡胶制品不宜用高压蒸汽灭菌消毒。

表2-3　各种物品消毒所需蒸汽压力、温度和时间一览表

物品名称	压力/（kg/cm²）	温度/℃	消毒时间/min
药液类	1.05	121.3	15～20
金属器械、玻璃类	1.05	121.3	20～30
敷料布类	1.40	126.2	30～45

④ 消毒物品的包装不能过大、过紧、过多，以不妨碍蒸汽的流通穿透为宜，使蒸汽易于穿透物品的内部，使消毒物品内部达

到灭菌温度。此外，消毒物品的体积不超过消毒器容积的 85%。消毒物品应放在一个合理的位置，物品之间保留适当的空间以利于蒸汽的流通。一般垂直放置被消毒物品，可取得最佳消毒效果。

⑤ 加热速度不能太快。加热速度过快，使温度很快达到要求温度，而物品内部尚达不到要求温度（消毒物品内部达到所需温度需要较长时间），致使在预定的消毒时间内达不到消毒灭菌要求的效果。所以切忌加热速度过快。

⑥ 注意按程序安全操作。这种消毒器要产生高压高温而发挥消毒灭菌作用，一定要严格按操作程序进行。高压灭菌前应首先检查灭菌器是否处于良好的工作状态，尤其是安全阀是否完好无损。加热要均匀，开启和关闭送气阀时动作应轻缓。加热和送气前要检查锅盖是否拧紧。灭菌完毕后要逐渐给灭菌器减压（自然冷却减压或开启气阀缓慢放气冷却减压）。

⑦ 瓶装药品灭菌时，要用玻璃纸和纱布包扎瓶口，如用橡皮塞的瓶口，要插入适当大小的针头排气。

5. 电子消毒设备

电子消毒设备主要指电子消毒器（图 2-17、图 2-18），有条件的养猪企业可以尝试使用这种消毒方法。目前，国外发明了一种利用专门电子仪器将空气高能离子化的电子消毒器。其工作原理是从离子产生器上发射上千亿个离子，并迅速向空间传播，这些离子吸住空气中的微粒并使其电极化，导致正负离子微粒互相吸引形成更大的微粒团，重量也逐渐增加并降落吸附到被消毒物品表面，使空气微粒中的病原微生物、氨气和其他有机微粒显著减少，最终可大大减少空气传播疾病发生的概率。

图 2-17　全自动超声波清洗消毒器　　　图 2-18　微波炉

二　化学和生物消毒常用设备及应用

1. 喷雾器

按照喷雾器的动力来源可分为手动型和机动型，按照在大小不同的场所使用的类型可分为背负式、可推式、担架式等。喷雾器使用前，应对各部分进行仔细检查，喷头是重点，看是否有堵塞问题。消毒药剂要充分溶解过滤，以防药液中的不溶性颗粒堵住喷头，妨碍消毒顺利进行。将要装入喷雾器的消毒溶液放入一个大桶内充分溶解、过滤。消毒结束后，立即将剩余的消毒药液倒出喷雾器，并用清水冲洗干净。喷雾器打气筒要及时维修和保养。

（1）背负式手动喷雾消毒器（图 2-19）　主要用于猪场场地、猪舍、设施和带猪喷雾消毒。产品结构简单、保养方便、喷洒效率高。

（2）机动喷雾器　常用于场地消毒及猪舍消毒。高压机动喷雾器（图 2-20）组成构件主要包括喷管、药水箱、燃料箱、高效二冲程发动机。这种消毒设备的优点是有动力装置、重量轻、震动小、噪声低；高压喷雾、高效、安全、经济、耐用；用少量的液体就可以对大面积进行消毒，且喷雾速度快。使用中注意要佩戴防护用具或安全护目镜，操作者应戴上适合的防噪声装置。

图2-19　背负式手动喷雾消毒器　　图2-20　高压机动喷雾器

2. 喷雾喷洒消毒设备

喷雾喷洒消毒设备（图2-21～图2-24）用于大面积喷洒环境消毒，尤其在场区环境消毒和疫区环境消毒防疫中使用。这种设备的特点是二冲程发动机强劲有力，不仅能实现驱动行驶，而且还能实现驱动中辐射式喷洒及活塞膜片式水泵。进、退各两档，使其具有爬坡能力及良好的地形适应性。快速离合及可调节手闸保证在特殊的山坡上也能安全工作。主要构件二冲程发动机排气量大且带有变速装置（可前进可后退），药箱容积也较大，适宜连续消毒作业。每分钟喷洒量大，同时具有较大的喷洒压力，可短时间内完成很大的消毒量。

图2-21　小型喷雾机　　图2-22　超声波加湿（消毒）器

图2-23 喷雾消毒车

图2-24 离心式加湿喷雾器

3. 消毒液机

消毒液机也称"消毒仪""消毒液制造机",利用的是由低浓度食盐水通过通电电极发生电化学反应以后生成次氯酸钠溶液的原理而生产消毒液。其生产工艺简单、投入少、见效快;用水和盐作为生产原料,使用220V交流电源,取材方便,生产简单;消毒液产量稳定、产量高,产品使用寿命长;用于猪场等饮水消毒、带猪喷雾消毒、污水处理等;设备可以随用随开,根据用药量决定设备的使用时间。如200～5000m² 面积的小型规模猪场,使用每小时产有效氯500g以下型号的次氯酸钠发生器设备就足够使用。如果污水水量较大,则可选用更高产药量的消毒液机。

(1) 消毒液机的特点 一般主要是指现用现制快速生产含氯消毒剂的消毒液机,适用于猪场、屠宰场、运输车船、人员防护消毒及发生疫情时病源污染区的大面积消毒。消毒液机使用的原料主要是食盐、水、电,操作简便,短时间内就可以产生大量的消毒液。用消毒液机生产的消毒剂是一种无毒、刺激性小的高效消毒剂,不仅适用于环境消毒、带猪消毒,还可用于食品的消毒、饮水的消毒、洗手消毒灯,且对环境造成的污染小。消毒液机这些特点对需要进行完全彻底的防疫消毒,人畜共患病疫区的综合性防疫及减少运输、仓储、供应等环节的意外防疫漏洞具有特殊的使用优势。

（2）消毒液机使用方法

①配制电解液。一般称取500g食盐，最好用食用精盐，加碘盐和不加碘盐也可以。

②放入电解桶中，在电解桶中有8kg处的标注线，向电解桶中加入8kg清水，用搅拌棒搅拌使盐充分溶解。

③确认上述步骤已完成，并把电极放入电解桶中，打开电源开关，按动选择按钮选择工作档位，此时电极板周围产生大量气泡，开始自动计时，消毒液生产结束后自动关机并有声音报警。

④将消毒液倒入事先准备好的容器，贴上标签，加盖封好后阴凉干燥处存放备用。消毒液机在消毒防疫中的使用方法及效果，见表2-4。

表2-4　消毒液机在消毒防疫中的使用方法及效果

消毒对象	浓度/(mg/L)	使用方法	作用时间/min	效　果
空猪舍消毒	300	喷雾	30	杀灭病原微生物
带猪消毒	200	喷雾	20	控制传染病
发病期带猪消毒	300	喷雾	30	控制传染病
饮用水消毒	6~12	对水消毒	20	控制肠道疾病
环境消毒	300	喷雾	20	净化环境，消除传染源
养殖用具消毒	200	浸泡洗刷	30	杀灭病菌，防止接触传播
工作服消毒	100	浸泡洗刷	30	预防带菌传播疾病
道口车辆消毒	100	喷雾	20	切断传播途径
洗手消毒	60	洗手	10	控制接触传染
消毒池、槽	300	每天更换		切断传播途径
病猪消毒	300	喷雾	30	杀灭病原，控制蔓延

（3）消毒液机的选购　目前市场上出售的消毒液机质量和技

术水平良莠不齐，在选购时必须注意甄别和选择适合自己养殖场的消毒液机，主要把握好三个方面的要素，一是消毒机是否能生产复合消毒剂；二是要特别注意消毒机的安全性；三是使用寿命。要具体了解有关消毒机的国家标准《次氯酸钠发生器》（GB 12176—1990）等的有关规定，在满足安全生产的前提下，选择安全系数高、药液产量含量正负误差小、使用寿命长的优质消毒机。国家标准规定，消毒液机的排氢量要精确到安全范围以内。一般来说，消毒剂在连续生产时，超过产率 25g/h，氢气排量将超出安全范围，容易引起爆炸等安全事故，必须加装排氢气装置及调控设备，才能避免生产过程中出现危险。如果选择产率小于 25g/h 的消毒机，其生产精度要高、含量能控制在 5% 范围内，这样才能防止因操作误差而造成的排氢量超标。好的消毒液机使用寿命可达 30000h，相当于每天消毒 8h 可以使用 10 年。目前市售家庭养殖场用消毒液机，见图 2-25。

图 2-25　目前市售家庭养殖场
用消毒液机

4. 臭氧消毒机和臭氧发生器（图 2-26、图 2-27）

臭氧消毒机主要用于猪场兽医室、大门口消毒室的环境空气的消毒及生产车间的空气消毒。臭氧是一种强氧化杀菌剂，消毒时呈弥漫扩散方式，消毒彻底无死角、效果好、消毒后无残留毒性，被

公认为"洁净消毒剂"。但臭氧稳定性极差，常温下30min自行分解。

图 2-26　臭氧消毒机

图 2-27　臭氧发生器

5. 生物消毒设施

生物消毒常用于废弃物处理，其设施主要有发酵池或沼气池（图 2-28、图 2-29）。

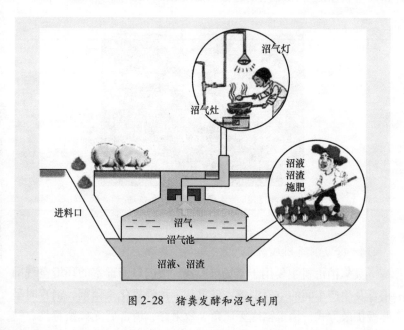

图 2-28　猪粪发酵和沼气利用

6. 病死猪无害化处理设备

对病死猪尸体进行无害化处理，需要使用专门的成套化制设备（图2-30）。

图2-29　沼气储存罐　　　图2-30　动物尸体无害化处理机
　　　　　　　　　　　　　　　（一体化处理配套设备）

三　消毒防护设备及应用

做好消毒防护是消毒工作中的重要一环，必须引起注意，否则会导致人发生伤害。消毒防护，首先要严格遵守操作规程和注意事项，其次要注意消毒人员及消毒区域内其他人员的防护。每一项防护措施要根据消毒方法的原理和操作规程有针对性地实施。例如进行喷雾消毒和熏蒸消毒时要穿上防护服（图2-31），戴上防护眼镜和口罩。进行紫外线直接照射消毒时，消毒室内的人员都应离开，做到无人在现场，避免直接照射到人。进出猪场人员通过消毒室进行紫外线照射消毒时，眼睛不能注视紫外线灯，避免眼睛灼伤。

1. 猪场常用的人员消毒防护用品及其选购

猪场常用的人员消毒防护用品主要就是防护服、口罩、鞋套等（图2-32～图2-38）。在选购时应参照国家标准进行，如《医用防护口罩技术要求》（GB 19083—2003）、《一次性使用聚氯乙烯医用检查手套》（GB 24786—2009）、《医用一次性防护服技术要求》（GB 19082—2003）、《普通脱脂纱布口罩》（GB 19084—2003）等，以防假冒，重点考虑以下的性能。

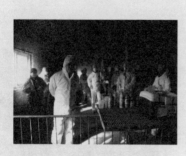

图 2-31 消毒衣帽一体防护服

图 2-32 橡胶帆布雨衣

1）防酸碱侵蚀刺激。穿上防护服在消毒时能耐受酸碱度腐蚀和刺激，不是一次性的还可以在工作完毕或离开消毒疫区时，用消毒液高压喷淋、洗涤、消毒。

2）防水。好的防护服材料在 $1m^2$ 的防水气布料薄膜上就有 14 亿个微细孔，一颗水珠比这些微细孔大 2 万倍，所以水珠不能穿过薄膜层面而润湿防护服，可以保证操作中的防水效果。

图 2-33 橡胶水靴

图 2-34 防护眼镜

图 2-35　一次性防护服

图 2-36　橡胶手套

图 2-37　防毒面具（熏蒸消毒使用）

图 2-38　防护口罩

3）防寒、挡风、保暖。防护服材料极小的微细孔应呈不规则的排列，可以阻挡冷风机寒气的侵入。

4）透气。材料微孔直径应大于汗液分子 700 ~ 800 倍，汗气可以穿透面料，即使在工作量大、体液蒸发较多时也感到干爽舒适。目前，先进的防护服都已在市场上销售，面料柔韧、轻而不易破损，穿戴舒适，性价比很好。

2. 猪场常用防护用品的使用方法

（1）穿戴防护用品的顺序

1）戴口罩。口罩的使用与保存如果不正确，则会影响或起不到防护作用。戴口罩时一只手托着口罩，扣于面部的适当部位，另一只手将口罩带戴在合适部位，压紧鼻夹，紧贴于鼻梁处。在此过程中，双手不能接触到面部任何部位。口罩上缘距下眼睑1cm处，口罩下缘要包住下巴，口罩四周要遮掩严密。不戴时应将贴向脸部的一面叠于内侧，放置在无菌袋中，杜绝将口罩随便放置在工作服兜内，更不能将内侧朝外，挂在胸前。能够起到防护作用的口罩，其厚度必须达到20层纱布以上。一般情况下，口罩使用4~8h更换一次。若接触了严密隔离的传染源，应立即更换。每次更换后用消毒洗涤液清洗。如果工作条件允许，提倡使用一次性口罩，4h更换一次，用完后丢入污物桶内及时无害化处理。

2）戴帽子。戴帽子时注意双手不接触面部，帽子的下沿应遮住耳朵上沿，头发尽量不要露出。

3）穿防护服。

4）戴上防护眼镜。注意双手不要接触面部。

5）穿上鞋套或胶鞋。

6）戴上手套，将手套套在防护服袖口外面。

以上是传统防护用品的穿戴使用顺序和方法，但目前随着材料及科学技术和制造技术的进步，市场上有了比较先进的衣帽一体的医用一次性消毒防疫防护服。该防护服可以省去戴帽子的环节，目前已在养猪场消毒和疫病诊疗防疫工作中经常使用，穿脱十分方便，防护效果好。

市售的医用一次性防护服采用国际流行的"PP＋PE"（丙纶＋聚乙烯透气膜）复合材料，具有良好的透湿性和阻隔性，能有效抵抗酒精、血液、体液、空气粉尘微粒、细菌的浸透，使用安全方便，能有效保护穿着者不被感染。防护服是帽子、上衣、裤子组成的连身式一体结构，结构合理、穿着方便、结合相连部位紧密，袖口、脚踝口、帽子面部采用弹性橡胶收口，具有阻隔、防护、透湿作用，适合用于消毒防护。穿着方法是先展开防护服，再拉开拉链，从拉链拉口处依次伸入双腿，然后扶起上衣部分将双手伸进衣袖中，接着竖起并戴好头套，从胸前正面自下而上拉好拉链并反向扣压住。使用时注意，防护服只限于一次性使用，用后即弃掉并焚烧处理，不得重复使用；穿着前如发现有破损或拉链、缝线等任何部位有不妥之处，则不可使用；防护服应避免长时间与化学物质接触；一次性防护服为非灭菌、非阻燃产品，过有效期即不可使用；一般应储存于干燥通风较好的地方，避免高温、潮湿及长时间日光直射，远离明火。

（2）消毒完毕脱掉防护用具的程序

1）摘下防护镜，放入消毒液中。

2）脱掉防护服。脱分体防护服时应先将拉链拉开（图2-39a）。向上提拉帽子，使帽子脱离头部（图2-39b）。脱袖子、上衣，将污染面向里放入医疗废物袋（图2-39c）。脱下衣，由上向下边脱边卷，污染面向里，脱下后置于医疗废物袋（图2-39d、图2-39e）。

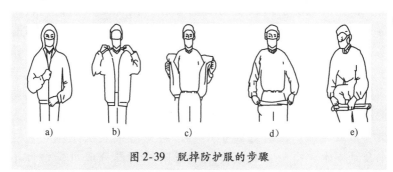

图2-39　脱掉防护服的步骤

脱连体防护服时，先将拉链拉到底（图2-40a）。向上提拉帽子，使帽子脱离头部，脱袖子（图2-40b、图2-40c）；由上向下边脱边卷（图2-40d），污染面向里，直至全部脱下后放入医疗废物袋内（图2-40e）。

3）摘掉手套，将一次性手套的反面朝外，放入黄色塑料袋中，橡胶手套放入消毒液中。

4）摘掉帽子，将手指从下边缘反掏伸进帽子，将帽子轻轻摘掉，反面朝外，放入黄色塑料袋中。

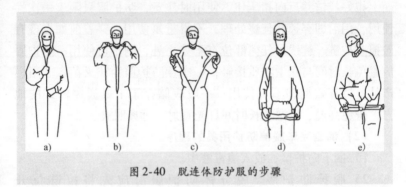

a)　　　　　b)　　　　　c)　　　　　d)　　　　　e)

图2-40　脱连体防护服的步骤

5）脱下鞋套或胶鞋，将鞋套反面朝外，放入黄色塑料袋中，将胶鞋放入消毒液中。

6）摘口罩，一手按住口罩，另一只手将口罩带摘下，放入黄色塑料袋中，双手不能接触到面部。

（3）消毒防护用具使用后的处理　消毒结束后，执行消毒人员需要自洁处理，不是一次性的防护服可进行消毒处理。需要废弃的被污染的防护用具包括一次性防护服、口罩、帽子、手套、鞋套等，使用后不能随便丢弃，要进行无害化清除处理，即安全简单又经济，具体处理操作是把消毒后的防护用品装入袋内，以防止操作人员接触。防止污染物接近人员、鼠或昆虫。保管好防护用具，避免污染表层土壤、表层水及地下水、空气。将废弃的消毒防护用具分成可焚烧和不可焚烧两大类进行处理。

四　消毒效果检测设备及应用

对不同消毒方法和部位要用不同检测方法，同样需要一些必备的设备及材料。主要的检测设备就是用于空气消毒采样的空气微生物采样器。目前，国内畜禽场及兽医消毒实验常用的空气微生物采样器主要有浮游菌空气采样器（图2-41～图2-43）等。

图2-41　浮游菌空气采样器1

HAS-100B/D   HAS-100A

图2-42　浮游菌空气采样器2

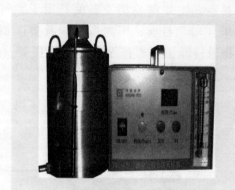

图 2-43　浮游菌空气采样器 3

—— 第三章 ——
常用消毒剂的介绍及其选用

一 常用消毒剂的介绍

猪场常用的化学消毒剂按照其化学性质可分为过氧化物类消毒剂、含氯消毒剂、碘类消毒剂、醛类消毒剂、氧化剂类消毒剂、酚类消毒剂、表面活性剂（季铵盐类）消毒剂、醇类消毒剂、强碱类消毒剂、重金属类消毒剂、酸类消毒剂、高效复方消毒剂等。

1. 过氧化物类消毒剂

这类消毒剂指能产生具有杀菌能力的活性氧的消毒剂。其优点是反应迅速，作用时间短；杀菌谱广，用药量小，方法简便。各种过氧化物消毒剂性能，见表3-1。

表3-1 各种过氧化物消毒剂性能对照表

消毒剂种类	过氧乙酸	过氧化氢	过氧戊二酸	臭氧	二氧化氯	过硫酸复合盐
杀菌能力	强	强	强	强	强	强
刺激性和腐蚀性	强	强	强	无	无	无
人畜安全性	差	差	差	较安全	安全	安全
稳定性	差	差	差	差	稳定	稳定
环境安全性	差	差	差	最安全	安全	安全
使用范围	环境	环境	环境	饮水、环境	饮水、带畜环境、器械等	饮水、带畜环境

2. 含氯消毒剂

这类消毒剂指在水中能产生具有杀菌活性的次氯酸的消毒剂。其优点是可杀灭所有类型的微生物，对肠杆菌、球菌、牛结核分枝杆菌、金色葡萄球菌和口蹄疫病毒、猪轮状病毒、猪传染性水泡病毒和胃肠炎病毒等有较强杀灭作用，使用方便，价格适宜。但对金属有腐蚀性、药效持续时间短、不宜长存。

（1）有机含氯消毒剂　有机含氯消毒剂包括二氯异氰尿酸钠（图3-1）、二（三）氯异氰尿酸、氯胺-T（对-甲苯磺酰胺钠）、二氯二甲基海因、四氯甘脲氯脲等，其性能见表3-2。

图3-1　二氯异氰尿酸钠粉剂

表3-2　有机含氯消毒剂性能对照表

消毒剂种类	二氯异氰尿酸钠	二（三）氯异氰尿酸	氯胺-T
有效氯含量	55%	65%（90%）	23%~26%
杀菌能力	强	强	强
刺激性和腐蚀性	较强	较强	较弱
人畜安全性	差	差	较弱

消毒剂种类	二氯异氰尿酸钠	二（三）氯异氰尿酸	氯胺-T
环境安全性	差	差	较安全
使用范围	饮水、环境、工具	饮水、环境、器械	饮水、带畜、环境等
稳定性	水溶液不稳定	一般	水溶液不稳定

（2）无机含氯消毒剂 无机含氯消毒剂包括漂白粉 $[Ca (OCl)_2]$、漂（白）粉精 [高效次氯酸钙 $Ca (ClO)_2 \cdot 2H_2O$]、次氯酸钠（$NaClO \cdot 5H_2O$）等，其性能见表3-3。

表3-3　无机含氯消毒剂性能对照表

消毒剂种类	次氯酸钠	漂白粉	漂（白）粉精
有效氯含量	10%～14%	35%	60%
杀菌能力	很强	强	强
刺激性和腐蚀性	强	强	强
人畜安全性	差，长期使用，对环境将造成严重的破坏		
环境安全性	差，长期使用，对环境将造成严重的破坏		
稳定性	很差	很差	差

3. 碘类消毒剂

这类消毒剂是以碘为主要杀菌成分制成的各种制剂，可杀死细菌、真菌、芽胞、病毒、结核杆菌、阴道毛滴虫、梅毒螺旋体、沙眼衣原体、艾滋病病毒和藻类；对金属设施及用具的腐蚀性较低，低含量时可以进行饮水消毒和带猪消毒；性能稳定，低含量对皮肤无害；一般来说可分为传统的碘制剂、碘伏等。

（1）传统的碘制剂（图3-2） 包括碘水溶液、碘酊（俗称碘酒）和碘甘油。

（2）碘伏 是碘与表面活性剂（载体）及增溶剂等形成的稳定的络合物。

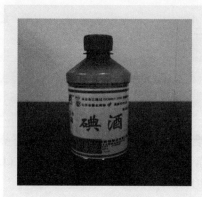

图 3-2　碘酒制剂

　　1）非离子型：元素碘与非离子表面活性剂等形成的络合物，如聚维酮碘（PVP-I）（图 3-3）、聚醇醚碘（NP-I）、聚乙烯醇碘（PVA-I）、聚乙二醇碘（PEG-I）。使用最广泛的是 PVP-I 和 NP-I。

　　2）阳离子型：元素碘与阳离子表面活性剂等形成的络合物，如季铵盐碘。

　　3）阴离子型：元素碘与阴离子表面活性剂等形成的络合物，如烷基磺酸盐碘。

　　（3）其他复合型碘酸溶液　如百消安等（图 3-4）。

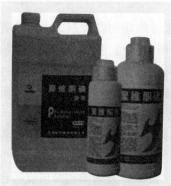

图 3-3　聚维酮碘溶液

图 3-4　复合型碘制剂（百消安）

碘制剂性能对照，见表3-4。

表3-4 碘制剂性能对照表

碘制剂种类	传统碘制剂 碘水溶液、碘酊和碘甘油	复合碘 碘酸溶液	碘伏 非离子型 PVP-I/NP-I	碘伏 阳离子型 季铵盐碘	碘伏 阴离子型 烷基磺酸盐碘
杀菌能力	较强	较强	强	强	较强
刺激性和腐蚀性	强	强	无	无	无
人畜安全性	差	差	很安全	安全	较安全
环境安全性	差	差	很安全	不安全	不安全
稳定性	很差	一般	很稳定	很稳定	较差
使用范围	环境	环境、空栏、饮水	饮水、黏膜、带畜、环境、伤口治疗等	带畜、环境等	带畜、环境等

4. 醛类消毒剂

这类消毒剂能产生自由醛基在适当条件下与微生物的蛋白质及某些其他成分发生反应。醛类消毒剂的优点是杀菌谱广，可杀灭细菌、芽胞、真菌和病毒；性质稳定，耐储存；有机物存在对其影响小。缺点是有一定的毒性和刺激性，对人体皮肤和黏膜有刺激和固化作用，并可使人致敏；有特殊臭味；湿度对其影响大。醛类消毒剂主要有甲醛、戊二醛（图3-5）、邻苯二甲醛（OPA）等，其性能对照，见表3-5。

5. 酚类消毒剂

这类消毒剂是消毒剂中种类较多的一类化合物，目前酚类消毒剂主要为酚类衍生物。其优点是性质稳定，通常一次用药，药效可以维持5~7天；生产上建议使用；腐蚀性轻微。其主要缺点是杀菌力有限，不能用于灭菌剂；对人畜有害，且气味滞留，不能用于带猪消毒和饮水消毒，常用于空舍消毒；不能用于纺织品、橡胶制品浸泡消毒；与碱性药物或其他消毒剂混合使用效果不好。酚类消毒剂主要有苯酚（石炭酸）、煤酚皂液（来苏儿）、复合酚（农福、消毒净、消毒灵）、甲酚溶液（菌球杀）、新洁尔灭（苯扎溴铵）、复方甲酚皂溶液（图3-6）等，其性能对照，见表3-6。

图3-5　戊二醛溶液

表3-5　醛类消毒剂性能对照表

消毒剂种类	甲醛（多聚甲醛）	戊　二　醛			邻苯二甲醛
		碱性戊二醛	酸性戊二醛	强化酸性戊二醛	
杀菌能力	一般	强	强	很强	很强
刺激性和腐蚀性	强	较弱	较弱	较弱	无
人畜安全性	差	较安全	较安全	较安全	安全
环境安全性	差	较安全	较安全	较安全	安全
稳定性	不稳定	不稳定	较稳定	较稳定	很稳定
使用范围	环境	带畜环境、器械、水体	带畜环境、器械、水体	带畜环境、器械、水体	带畜环境、器械、水体

图 3-6　复方甲酚皂溶液

表 3-6　酚类消毒剂性能对照表

消毒剂种类	苯酚（石炭酸）	煤酚皂液（来苏儿）	复合酚（农福）	氯甲酚（4-氯-3-甲基苯酚）溶液
杀菌能力	弱	稍强	强	很强
刺激性和腐蚀性	强	强	强	无
人畜安全性	差强致癌并有蓄积毒性	差强致癌并有蓄积毒性	差强致癌并有蓄积毒性	安全
环境安全性	差	差	差	较安全
使用范围	环境	环境	环境	车辆、带畜环境、器物等

6. 季铵盐及双胍类消毒剂（图 3-7）

　　这类消毒剂是阳离子型表面活性剂类消毒剂。优点是抗菌谱广；性质稳定、安全性好、无刺激性和腐蚀性；对常见病毒如猪瘟病毒、口蹄疫病毒有良好效果。缺点是对无囊膜病毒消毒效果不好；不能与阴离子活性剂（如肥皂等）共用，也不能与碘、碘化钾、过氧化物类等合用，否则会降低消毒效果；不适用于粪便、污水消毒和芽胞消毒。季铵盐及双胍类消毒剂性能对照，见表 3-7。

图3-7 双链季铵盐消毒药

表3-7 季铵盐及双胍类消毒剂性能对照表

消毒剂种类	苯扎溴铵 （新洁尔灭或溴苄烷铵）	50%双癸基二甲基溴化铵 （百毒杀）
杀菌能力	弱	较强 （双链季铵盐杀菌效果 强于单链季铵盐）
刺激性和腐蚀性	刺激性低，但对金属有腐蚀性	无
人畜安全性	较安全	较安全
环境安全性	差	差
稳定性	稳定	稳定
使用范围	冲洗擦拭	带畜环境、冲洗擦拭

7. 碱类消毒剂

包括氢氧化钠（火碱）、氢氧化钾、生石灰等（图3-8～图3-10）。对病毒和革兰氏阴性杆菌的杀灭作用最强，但其腐蚀性也强。碱类消毒剂性能对照，见表3-8。

图 3-8　氢氧化钠

图 3-9　生石灰

图 3-10　石灰粉

表 3-8　碱类消毒剂性能对照表

消毒剂种类	氢氧化钠（火碱）、石灰等
杀菌能力	较强（成分单一，杀毒范围窄，无表面活性作用，存在有机物时降低消毒效果）
刺激性和腐蚀性	强

（续）

消毒剂种类	氢氧化钠（火碱）、石灰等
安全性	差（极易灼伤皮肤、眼睛、呼吸道和消化道）
环境	腐蚀金属，破坏环境
稳定性	不稳定（极易吸潮，导致结块、失效）

8. 复方消毒剂

近年来，国内外相继研制出数百种复方消毒剂，有效提高了消毒剂的质量、应用范围和使用效果。

复方化学消毒剂配伍类型主要有两大类，一是消毒剂与消毒剂的复方制剂，使其杀菌效果达到协同和增效作用，如季铵盐类与碘的复配、戊二醛与过氧化氢的复配；二是消毒剂与辅助剂的复合制剂，即一种消毒剂加入适当的稳定剂和缓冲剂、增效剂，以改善消毒剂的综合性能，如稳定性、腐蚀性、杀菌效果等。常用的复方消毒剂主要有以下几种类型：复方含氯消毒剂、复方季铵盐类、含碘复方消毒剂、醛类复方消毒剂、醇类复方消毒剂。

二 常用消毒剂的选择与使用

每个猪场的饲养方式、规模及疫情状况不同，有针对性地选择和使用消毒剂是做好猪场个体疫病防控工作的重要一环，应选择符合猪场实际的理想有效消毒剂。同时，一般一种消毒剂很难满足一个猪场的全面消毒要求，应该兼顾各种因素，适时选择不同种的消毒剂。

1. 猪场常用消毒剂的性能及用法

在选择消毒剂前，要熟悉了解各种化学消毒剂的种类、性状性质、作用机制和剂量用法，以便确定符合本场生产和防疫实际的日常消毒用药，尽力做到价廉物美，绝不能滥用消毒剂，否则既达不到消毒效果，又浪费消毒药剂。猪场常用消毒剂概况，见表3-9。

表 3-9　猪场常用的消毒剂概况

种类	名　称	性状和性质	作用机制	剂量与用法	注意事项
含氯消毒剂	漂白粉（含氯石灰、含有效氯25%~30%）	白色颗粒状粉末；有氯臭味；久置空气中会失效，大部分溶于水和醇类	氧化作用（氧化微生物细胞使其丧失生物学活性）；氯化作用（与微生物蛋白质形成氮-氯复合物而干扰细胞代谢）；新生态氧的杀菌作用	5%~20%的悬浮液用于环境消毒；每50L水加1g粉剂用于饮水消毒；1%~5%的澄清液用于食槽、玻璃器皿、非金属用具消毒	应现配现用；不宜用于猪舍金属围栏等的消毒；久置失效
	漂白粉精	白色结晶；有氯臭味；含氯量稳定		0.5%~1.5%的溶液用于地面、墙壁消毒；0.3~0.4g/kg的粉剂用于饮水消毒	
	二氯异氰尿酸钠（含有效氯60%~64%，强力消毒净、84消毒液、速效净等均含有二氯异氰尿酸钠）	白色晶体状粉末；有氯臭味；室温下保存半年有效氯仅降低0.16%；是一种安全、广谱和长效的消毒剂；不遗留残余毒性		一般0.5%~1%的溶液用于杀灭细菌和病毒；5%~10%的溶液用于杀灭芽胞；0.015%~0.02%的溶液用于环境器具消毒；每1L水加4~6mg粉剂用于饮水消毒，作用30min；每10L水加10~20g粉剂用于球虫卵囊消毒	
	二氧化氯（ClO_2，益康，消毒王，超氯）	白色粉末；有氯臭味；易溶于水；易潮湿；可快速杀灭所有病原微生物，制剂有效氯含量为5%；具有高效、低毒、除臭和无残留的特点		含有效氯5%时，每1L水加5~10mL药液，用于泼洒或喷雾环境消毒；每100L水加5~10mL药液用于饮水消毒；每1L水加5mg粉剂用于用具、食槽浸泡消毒（5~10min）	

（续）

种类	名称	性状和性质	作用机制	剂量与用法	注意事项
碘类消毒剂	碘酊（碘酒）	为碘的醇溶液；红棕色澄清液体；微溶于水；易溶于乙醚、氯仿等有机溶剂；杀菌力强	碘的正离子与酶系统中蛋白质所含的氨基酸起亲电，使蛋白质失活，破坏酶活性取代反应	2%～2.5%的溶液用于皮肤消毒	
	碘伏（络合碘）	红棕色液体，随着有效碘含量的下降逐渐向黄色转变；碘与表面活性剂及增溶剂形成的不定型络合物，其实质就是一种含碘的表面活性剂；主要剂型为聚乙烯吡咯烷酮碘和聚乙烯醇-碘等；性质稳定；对皮肤无害		0.5%～1%的溶液用于皮肤消毒；10mg/L的溶液用于饮水消毒	
	威力碘	红棕色液体；含碘0.5%		1%～2%的溶液用于猪舍、猪体表及环境消毒；5%的溶液用于手术器械、手术部位消毒	
醛类消毒剂	福尔马林（36%～40%的甲醛水溶液）	无色有刺激性气味的液体，90℃下易生成沉淀；对细菌繁殖体及芽胞、病毒和真菌均有杀灭作用	可与菌体蛋白质中的氨基结合使其变性或使蛋白质分子烷基化，阻碍微生物对营养物质的吸收和废物的排出	1%～2%的溶液用于环境消毒；与高锰酸钾配伍用于熏蒸消毒猪舍等	熏蒸消毒时关闭门窗，结束时打开，排出残余气体

种类	名　称	性状和性质	作用机制	剂量与用法	注意事项
醛类消毒剂	戊二醛	无色油状体；味苦；有微弱甲醛气味，挥发性较低；可与水、酒精做任何比例的稀释，溶液呈弱酸性；碱性溶液有强大的灭菌作用	可与菌体蛋白质中的氨基结合使其变性或使蛋白质分子烷基化，阻碍微生物对营养物质的吸收和废物的排出	2%的溶液，用0.3%碳酸氢钠调整pH在7.5～8.5可用于消毒；但不能用于热灭菌的精密仪器、器材的消毒	
	多聚甲醛（聚甲醛含甲醛91%～99%）	为甲醛的聚合物；有甲醛臭味；为白色疏松粉末；常温下不可分解出甲醛气体，加热时分解加快，释放出甲醛气体与少量蒸汽；难溶于水，但能溶于热水，加热至150℃时，可全部蒸发为气体		1%～5%的溶液作用10～30min，可杀灭除细菌芽胞以外的各种细菌和病毒；8%的溶液作用6h可杀灭芽胞；每立方米加10g粉剂用于熏蒸消毒，消毒时间为6h	
氧化剂类	过氧乙酸	无色透明酸性液体；易挥发，具有浓烈刺激性气味，对皮肤、黏膜有腐蚀性；对多种细菌和病毒杀灭效果好	与有机物和某些酶可释放出初生态氧，破坏菌体蛋白或细菌的酶系统；分解后产生的各种自由基，如巯基、活性氧衍生物等破	400～2000mg/L的溶液，浸泡2～12min可用于消毒；0.1%～0.5%的溶液擦拭物品表面，或0.5%～5%的溶液可用于环境消毒；0.2%的溶液用于器械消毒	现配现用，不宜用于金属用具消毒
	过氧化氢（双氧水）	无色透明，无异味，微酸苦；易溶于水，在水中分解成水和氧可快速杀灭多种微生物		1%～2%的溶液用于创面消毒；0.31%～1%的溶液用于黏膜消毒	

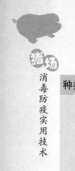

（续）

种类	名　称	性状和性质	作用机制	剂量与用法	注意事项
氧化剂类	过氧戊二酸	有固体和液体两种；固体难溶于水，为白色粉末，有轻度刺激性作用，易溶于乙醇、氯仿、乙酸	坏微生物的通透性屏障（蛋白质、氨基酸、酶等），最终导致微生物死亡	2%的溶液用于器械浸泡消毒和物体表面擦拭消毒；0.5%的溶液用于皮肤消毒；空气消毒用雾化气溶胶	
	臭氧	臭氧（O_2）在常温下为浅蓝色气体，有鱼腥臭味；极不稳定，易溶于水；对细菌繁殖体、病毒、真菌和枯草杆菌黑色变种芽胞有较好的杀灭作用，对原虫和虫卵也有很好的杀灭作用		$30mg/m^3$，15min用于室内空气消毒；0.5mg/L10min，用于水消毒；15～20mg/L用于传染源污水消毒	
	高锰酸钾	紫黑色斜方形结晶或结晶性粉末，无臭，易溶于水；溶液以其不同含量而呈暗紫色至粉红色；低含量可杀死多种细菌的繁殖体，高含量（2%～5%）在24h内可杀灭细菌芽胞；在酸性溶液中，可明显提高杀菌作用		0.1%的溶液可用于饮水消毒和杀灭肠道病原微生物；0.1%的溶液用于创面和黏膜消毒；0.01%～0.02%的溶液用于消化道清洗；0.1%～0.2%的溶液用于体表消毒	高含量有腐蚀作用且能引起中毒

种类	名　　称	性状和性质	作用机制	剂量与用法	注意事项
酚类消毒剂	苯酚（石炭酸）	白色针状结晶，弱碱性易溶于水，有芳香味	裂解并穿透细胞壁，使微生物蛋白质变性；分解以增加酸性，增强杀菌能力；使氧化酶、脱氢酶、催化酶等细胞的主要酶系统失去活性	3%～5%的溶液用于环境与器械消毒；2%的溶液用于皮肤消毒	刺激和腐蚀性较强，环境污染较重
	煤酚皂（来苏儿）	由煤酚和植物油、氢氧化钠按一定比例配制而成；无色，见光和空气变为深褐色，与水混合成为乳状液体；毒性较低		3%～5%的溶液用于环境消毒；5%～10%的溶液用于器械消毒和处理污物；2%的溶液用于术前、术后和皮肤消毒	
	复合酚（农福、消毒净、消毒灵）	由水醋酸、混合酚、十二烷基苯黄酸、煤焦油按一定比例混合而成；为橙色黏稠状液体，有煤焦油臭味；对多种细菌和病毒有杀灭作用		药液用水稀释100～300倍后，用于环境、猪舍、器具的喷洒消毒，稀释用水温度不低于8℃；1:200倍稀释液杀灭烈性传染病病原（如口蹄疫）；1:（300～400）稀释液药浴或擦拭皮肤，25min则可以防治猪螨虫等皮肤寄生虫病，效果良好	
	甲酚溶液（菌球杀）	为甲酚的氯代衍生物，一般为5%的溶液；杀菌作用强，毒性较小		主要用于猪舍、用具、污染物的消毒；用水稀释33～100倍后用于环境、猪舍的喷雾消毒	

（续）

种类	名　称	性状和性质	作用机制	剂量与用法	注意事项
表面活性剂	新洁尔灭（苯扎溴铵，市售的一般为5%的苯扎溴铵溶液）	无色或浅黄色液体，振动摇晃产生大量泡沫；对革兰阴性菌的杀灭效果比对革兰氏阳性菌强；能杀灭有囊膜的亲脂病毒，不能杀灭亲水病毒、芽胞菌、结核菌，易产生耐药性	改变细胞渗透性，溶解损伤细胞使菌体破裂；在菌体表面浓集，阻碍细菌代谢，使其细胞结构紊乱；渗透到菌体内使蛋白质发生变性和沉淀；破坏细菌酶系统	0.1%的溶液（以苯扎溴铵计）用于皮肤、器械消毒；0.02%以下的溶液用于黏膜、创口消毒；0.5%~1%的溶液用于手术局部消毒	禁止与碘、肥皂合用，不宜用于饮水、污水消毒
	度米芬（杜米芬）	白色或微白色片状结晶，能溶于水和乙醇；消毒能力强，毒性小；可用于环境、皮肤、黏膜、器械和创口的消毒		0.05%~0.1%溶液用于皮肤、器械消毒；0.05%的溶液用于带猪喷雾消毒	
	甲溴铵溶液（百毒杀，市售的甲溴铵一般含量为10%）	白色、无臭、无刺激性、无腐蚀性的溶剂；性质稳定，不受环境酸碱度、水质硬度、粪便血污等有机物及光、热影响，可长期保存，且适用范围广		1:（2000~4000）稀释后用于饮水消毒，可长期使用；发病期间用1:（1000~2000）稀释液，连用7天；1:600稀释液用于猪舍及带猪消毒；发病期间用1:（200~400）稀释液喷雾、洗刷、浸泡	
	双氯胍己烷	常温下为无色液体，沸点10.3℃，易燃、易爆、有毒		50mg/L的溶液在密闭容器内用于器械、敷料等消毒	

种类	名　称	性状和性质	作用机制	剂量与用法	注意事项
表面活性剂	氯己定（洗必泰）	白色结晶，微溶于水，易溶于醇，防止与升汞配伍		0.022%～0.05%的溶液，术前洗手浸泡5min消毒；0.01%～0.025%的溶液用于腹腔、膀胱等冲洗	
醇类消毒剂	乙醇（酒精）	无色透明液体，易挥发，易燃，可与水和挥发油任意比例混合；无水乙醇含乙醇为95%以上；主要通过使细菌菌体蛋白凝固并脱水而发挥杀菌作用；以70%～75%乙醇杀菌能力最强；对组织有刺激作用，含量越高刺激性越强	使蛋白质变性沉淀；溶解破坏细菌细胞；抑制细菌的酶系统	70%～75%的乙醇用于皮肤、手术、注射部位和器械、实验台面消毒，作用时间为3min；不能作为灭菌剂，不能用于黏膜消毒	消毒物品不能带有过多的水分，物品要清洁
	异丙醇	无色透明液体，易挥发，易燃，具有乙醇和丙酮混合气味，与水和大多数有机溶剂可混溶；作用含量为50%～70%，过浓过稀，杀菌作用都会减弱		50%～70%的溶液涂擦与浸泡，作用时间为5～60min；只能用于物体表面和环境消毒；杀菌效果优于乙醇，但毒性也高于乙醇；有轻度的蓄积和致癌作用	

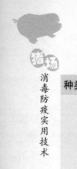

（续）

种类	名　称	性状和性质	作用机制	剂量与用法	注意事项
强碱类	氢氧化钠（火碱）	白色干燥的颗粒，棒状、块状、片状结晶，易溶于水和乙醇，易吸收空气中的二氧化碳形成碳酸钠或碳酸氢钠盐；对细菌繁殖体、芽胞体和病毒有很强的杀灭作用，对寄生虫卵也有杀灭作用，含量增高，作用增强	氢氧根离子可以水解蛋白质和核酸，使微生物的结构和酶系统受到损害，同时可分解菌体中的糖类而杀灭细菌和病毒	2%～4%的溶液可以杀死病毒和繁殖型细菌；30%的溶液10min可杀死芽胞，4%的溶液45min杀死芽胞，如加入10%食盐能增强杀灭芽胞能力；2%～4%的热溶液用于喷洒或洗刷消毒猪舍、仓库、墙壁、工作间、入口处、运输车辆、饲料用具等；5%的溶液用于炭疽消毒	腐蚀性较强，注意防护
	生石灰（氧化钙）	白色或灰白色块状或粉末、无臭，易吸水，加水后生成氢氧化钙		加水配制成10%～20%的石灰乳刷猪舍墙壁、猪栏等进行消毒	
	草木灰	新鲜草木灰主要含氢氧化钾；取筛过的草木灰10～15kg，加水35～40kg，搅拌均匀，持续煮沸1h，补足蒸发的水分即成20%～30%的草木灰		10%～20%的草木灰可用于猪舍、运动场、墙壁及食槽的消毒；水温要在50～70℃	
重金属类	甲紫（龙胆紫）	深绿色块状固体，溶于水和乙醇	其盐类化合物能与细菌蛋白结合，使其沉淀而产生杀菌作用	1%～3%的溶液用于猪只浅表创面消毒和防腐	
	硫柳汞	不沉淀蛋白质		0.01%用于生物制品防腐；1%用于皮肤或手术部位消毒	

52

种类	名　称	性状和性质	作用机制	剂量与用法	注意事项
酸类	无机酸（硫酸和盐酸）	具有强烈的刺激性和腐蚀性，一般情况下慎用	能使菌体蛋白质变性和水解；改变菌体蛋白两性物质的离解度，抑制细胞膜的通透性	用 0.5mol/L 的硫酸处理排泄物、痰液等，30min 可杀死多数结核杆菌；2% 的盐酸用于皮肤消毒	
	乳酸	淡黄色透明液体，无臭，微酸味，有吸湿性		蒸气应用于空气消毒，亦可用于与其他醛类配伍	
	醋酸	具有浓烈的酸味		5～10mL/m³ 加等量水，蒸发消毒猪舍空气	
	十一烯酸	黄色油状溶液，溶于乙醇		5%～10%十一烯酸醇溶液用于皮肤、物体表面消毒	

消毒剂发挥消毒作用的机制有三种：

1）使菌体蛋白变性、沉淀，大部分的消毒剂是通过这种方式发挥消毒作用的，不仅能杀菌，还能劈坏猪体组织，这种消毒剂只适用于环境消毒。一般情况下，酚类、醛类、醇类、重金属盐类等消毒剂是通过这一机制产生作用的。

2）改变菌体细胞膜的通透性。表面活性剂等药物是通过降低菌体的表面张力，增加菌体细胞膜的通透性，致使病原菌体细胞的酶和营养物质流失，水则渗入菌体内，使菌体溶解和破裂。

3）干扰或损坏病原体生命必需的酶系统。化学结构与病原体内的代谢物相似的消毒剂，能竞争性或非竞争性地与病原体内酶结合，抑制酶的活性，导致病原体生命被抑制或死亡。同时，还可以通过氧化、还原等反应损坏酶的活性基团，如氧化剂的氧化、卤化物的卤化等作用，而使病原体被抑制或死亡。

2. 影响消毒效果的因素

消毒效果受许多因素的影响，应该先要对其进行了解和掌握，以便帮助我们高效进行消毒工作。影响消毒效果的因素主要有以下几个方面。

（1）消毒剂的种类　不同种类消毒剂对不同的病原菌的消毒作用有差异。一般灭菌剂或高效消毒剂及物理灭菌法对细菌芽胞或非囊膜病毒具有可靠的消毒作用，酚制剂或季铵盐类消毒剂则消毒效果很差，但杀革兰氏阳性菌和囊膜病毒的效果好。

（2）消毒剂配伍　良好的配方能显著提高消毒效果，如用70%乙醇配制季铵盐类消毒剂比用水配制穿透力强，杀菌效果更好；将酚制成甲酚的肥皂溶液可以杀死大多数繁殖体微生物；超声波和戊二醛、环氧乙烷联合应用，具有协同效应，可提高消毒效力。用具有杀菌作用的溶剂，如甲醇、丙二醇等配制消毒液时，常可增强消毒效果，但要注意消毒药间的拮抗作用，如酚类不宜与碱类消毒剂混合；阳离子与阴离子表面活性剂及碱类物质不宜混合；次氯酸盐和过氧乙酸会被硫代硫酸钠中和，不宜混用。消毒（防腐）剂配伍禁忌，见表3-10。

表3-10　消毒（防腐）剂配伍禁忌

消 毒 药 剂	禁忌配合药物	产生的不良变化
碘及其制剂	氨水、铵盐类	生成爆炸性碘化氢
	碱类	生成碘酸盐
	重金属盐	沉淀
	红汞	产生有腐蚀性碘化汞
	鞣酸、硫代硫酸钠	脱色
	生物碱类药物	析出生物碱沉淀
	淀粉	呈蓝色
	甲紫（龙胆紫）	疗效减弱
	挥发油	分解失效

消毒药剂	禁忌配合药物	产生的不良变化
碘仿	碱类、鞣酸、甘汞、升汞、硝酸银、高锰酸钾	分解
阳离子表面活性剂	阴离子肥皂类、合成洗涤剂高锰酸钾、碘化物	作用消失、沉淀
硼酸	碱性物质	生成硼酸盐
	鞣酸	疗效减弱
依沙吖啶	碘及其制剂	析出沉淀
	含0.8%以上的氯化钠溶液	疗效减弱
高锰酸钾	有机物如甘油、酒精、吗啡等	失效
	氨及其制剂	沉淀
	鞣酸、药用炭、甘油等	研磨时可爆炸
过氧化氢液	碱类、药用炭、碘及其制剂、高锰酸钾	分解
酒精	氧化剂、无机盐等	氧化、沉淀
鱼石脂	酸类	生成树脂状团块
	氢氧化钠及碳酸钠等	分解放出氨
漂白粉	酸类	分解放出氯
乌洛托品	酸类或酸性盐	分解失败
	铵盐如氯化铵	发生氨臭
	鞣酸、铁盐、碘	沉淀

（3）消毒剂的含量和作用时间 一般各种消毒剂的理化性状都不同，因此对微生物的作用也有差异。

消毒剂的消毒效果取决于其与微生物接触的有效含量。同一种消毒剂的含量不同，其消毒效果也不一样。大多数消毒剂的消

毒效果与其含量和时间成正比，但对组织的刺激性也与之成正比。每一消毒剂都有其最低有效含量，要选择适当含量（有效而又对人畜安全，没有腐蚀性），有些消毒剂含量过高不一定能提高消毒效力，如醇类，70%的乙醇或50%～70%的异丙醇消毒效果最好。含量高还会增加成本造成浪费；当含量降低至一定程度时就只有抑菌作用了。具体使用消毒剂时，应根据不同消毒剂的特点及消毒对象选择合适的含量和足够的作用时间。一般在猪场消毒时，对环境和器具消毒可延长作用时间，在配制消毒液时适当增加消毒原药剂量。

（4）环境温度　一般情况下环境的温度与消毒剂的作用成正比，温度高，药物的渗透能力也会增强，可增强消毒剂的杀菌效果，还可缩短消毒时间。甲醛消毒时，室温宜在20℃以上。温度每增高10℃，消毒作用效果增加1倍，如表面活性剂在37℃时的杀菌含量为20℃时的一半，消毒效果相同；在环境温度由15℃升高到25℃时，重金属盐类的杀菌作用增加2～5倍，石炭酸的杀菌作用增加5～8倍。

（5）环境酸碱度（pH）　pH可从两个方面影响消毒效果，一方面是影响消毒作用，pH变化将改变其溶解度、离解度和分子结构；另一方面是对微生物的影响，病原微生物的适宜pH在6～8，过高或过低的pH有利于杀灭病原微生物。酚类、次氯酸等在酸性环境中杀灭微生物的作用强，相反碱性环境就差。在偏碱性时，可提高阳离子表面活性剂的消毒作用；阴离子表面活性剂在酸性条件下消毒效果好。新型消毒剂常含有缓冲剂等成分，可以减少pH对消毒效果的直接影响。

（6）表面活性和稀释用水的水质　非离子表面活性剂和大分子聚合物可以降低季铵盐类消毒剂的作用；阴离子表面活性剂会影响季铵盐类的消毒作用；水中金属离子（Ca^{2+}、Mg^{2+}）对消毒效果也有影响，在稀释消毒剂时，要注意水的硬度要求，季铵盐类消毒剂在硬水环境中消毒效果不好，最好选用蒸馏水稀释；尽量选用水质对其影响小的消毒剂。

（7）有机物的存在　消毒对象及其环境中会存在各种有机物，如血液、血清、培养基、分泌物、脓液、饲料残渣、泥土及粪便等，干扰或与消毒剂发生中和或降解反应，甚至产生不溶性的物质从而对病原微生物产生机械保护作用，阻碍消毒过程进行，可明显降低消毒效果。有机物还可消耗部分消毒剂，降低作用含量。蛋白质有机物能消耗大量的酸性或碱性消毒剂。烷基化类、戊二醛类及碘伏类消毒剂受有机物影响比较小。对大多数消毒剂来说，为了减少有机物的影响，可适当增加消毒剂用量或延长作用时间。

（8）微生物的类型和数量　病原微生物对药物的敏感性存在差异，每一种消毒剂都有其各自的特点，如病毒对碱、酸类敏感，处在生长繁殖期的细菌螺旋体、霉形体、立克次氏体对一般消毒剂均敏感，而对有芽胞的病原菌和病毒应使用较高含量的消毒剂。同一消毒剂对不同种类和处于不同生长期的微生物的杀菌效果也不同。如一般消毒剂对结核杆菌的作用要比对其他细菌繁殖体的作用差；70%的乙醇能杀灭一般细菌繁殖体，但不能杀灭细菌的芽胞。必须根据消毒对象选择合适的消毒剂。为便于工作的进行，将病原微生物对杀菌因子的抗力分为若干级来作为选择消毒方法和消毒剂的依据，微生物对化学因子抗力的排序依次为：感染性蛋白因子（牛海绵状脑病病原体）、细菌芽胞（炭疽杆菌、梭状杆菌、枯草杆菌等的芽胞）、分枝杆菌（结核杆菌）、革兰阴性菌（大肠杆菌、沙门氏菌等）、真菌（念珠菌、曲霉菌等）、无囊膜病毒（亲水病毒）或小型病毒（口蹄疫病毒、猪水疱病病毒等）、革兰氏阳性菌繁殖体（金黄色葡萄球菌、绿脓杆菌等）、囊膜病毒（亲脂病毒、憎水病毒）或中型病毒（猪瘟病毒等）。抗力最强的是最小的感染性蛋白因子（朊粒）。注意尽量选择对病毒消毒效果好的消毒剂。

通常微生物的数量越大，消毒越困难，消毒所需时间就越长。对产仔房、配种室等污染较重的区域及物品应加大消毒剂量，延长消毒时间，增加消毒次数。

3. 消毒剂选择的基本原则

（1）明确所使用消毒剂的化学类别 消毒剂选配及其科学使用是保证和提高消毒效果的首要基础环节，要针对不同消毒目的和对象、不同时期、不同生产环节等具体情况，结合不同消毒剂的化学性质和作用特点，正确选择消毒剂，并合理配制消毒含量，采用准确的消毒方法，这样才能确保消毒效果。市场上销售的消毒剂种类繁多，其化学性质与作用各有其差别。一般情况下，杀灭细菌芽胞，选用高效消毒剂；杀灭革兰氏阳性菌，选用季铵盐类消毒剂；杀灭病毒，选用碱类消毒剂、季铵盐类消毒剂、过氧乙酸等，不宜选择酚类消毒剂。

（2）所用消毒剂应具备的基本特点 杀菌谱广（可以杀灭各类病原微生物），作用速度快，作用维持时间长，性能稳定，易溶于水；无毒，无刺激性，无腐蚀性，无残留，不污染环境；受有机物、酸碱和环境因素影响小。

（3）根据消毒目的选择消毒剂 预防性消毒用中低效消毒剂，疫源地消毒、终末消毒、疫情发生时用高效消毒剂，并考虑加大使用含量和消毒频次。

（4）根据病原微生物的特性选择消毒剂 病原微生物的种类不同，对不同消毒剂的耐受性也不同。如细菌芽胞必须用杀菌力强的灭菌剂或高效消毒剂处理，才能取得较好的效果；结核分枝杆菌对一般消毒剂的耐受力比其他细菌强；肠道病毒对过氧乙酸的耐受力与细菌繁殖体相近，但季铵盐类对其无效；肉毒梭菌易被碱破坏，但对酸耐受力强；至于其他细菌繁殖体和病毒、螺旋体、支原体、衣原体、立克次氏体对一般消毒处理耐受力均差。

4. 优秀消毒剂的特点

（1）高效性　杀菌谱广（可以杀灭各类病原微生物），作用速度快，作用维持时间长，性能稳定，易溶于水；受有机物、酸碱和环境因素影响小。

（2）环保性　无毒，无刺激性，无腐蚀性，无残留，不污染环境。

（3）优秀消毒剂的综合评价　评价优秀消毒剂主要有下列因素：

- 对无囊膜病毒和有囊膜病毒均具有杀灭作用，杀灭率 >99%。
- 对细菌繁殖体具有杀灭作用，杀灭率 >99%。
- 对细菌芽胞具有杀灭作用，杀灭率 >99%。
- 对分枝杆菌具有杀灭作用，杀灭率 >99%。
- 抗有机物能力强，50% 的犊牛血清试验杀灭率 >99%。
- 对高温或低温天气不敏感。
- 杀灭病原微生物的最短作用时间小于 10min 为速效消毒剂。
- 适用于带体（猪）消毒，对动物机体无毒副作用。
- 作用的维持时间长，大于 3 天。
- 配方中不含有消毒剂禁用物质。
- 对水质无特殊要求。
- 对 pH 无特殊要求。细菌和真菌能够耐受和适宜的 pH 范围，见表 3-11。
- 蓄积性弱。蓄积系数（K）小于或等于 1，为极强蓄积性；K 大于 1 为强蓄积性；K 等于或大于 3，为中等蓄积性；K 大于或等于 5，为弱蓄积性。
- 毒性低。急性经口毒性试验：LD_{50}（半数致死量）大于 5000mg/kg 体重（下同）者属于实际无毒；LD_{50} 为 501～5000mg/kg 属低毒，LD_{50} 为 51～500mg/kg 属中等毒，LD_{50} 为 1～50mg/kg 属于剧毒，LD_{50} 小于 1mg/kg 属于极毒。急性吸入毒性试验：LC_{50}（半

数致死浓度）大于 10000mg/kg 属实际无毒；LC_{50} 为 1000～10000mg/kg 属低毒；LC_{50} 为 100～1000mg/kg 属于中等毒性；LC_{50} 为 10～100mg/kg 属于高毒；LC_{50} 小于 10mg/kg 属于剧毒。

表 3-11　细菌和真菌能够耐受和适宜的 pH 范围

微生物类型	pH 范围	说明及微生物举例
嗜酸微生物	2.0～4.0	氧化硫硫杆菌、嗜酸热硫化叶菌、隐蔽热网菌
耐酸微生物	3.5～6.0	少数细菌耐酸，如蜡杆菌属、乳杆菌属，多类真菌较喜偏酸性（pH 为 5 左右）环境
嗜中性微生物	6.0～8.0	多数微生物在中性 pH 的环境中生长良好，但多数细菌宜生长在偏碱性（pH 为 8 左右）的环境中，如产碱菌属、假单胞菌属、根瘤菌属、硝化细菌、放线菌等
嗜碱性微生物	9.0～10.0	少数嗜盐碱杆菌属、外硫红螺菌属、某些芽胞杆菌

5. 消毒剂的使用频次和剂量

（1）消毒剂的使用频次　一般要根据每种消毒剂作用的维持时间来确定，季铵盐类消毒剂的作用维持时间在 3～4 天，挥发性强的消毒剂如碘类、过氧化物类和含氯制剂遇光容易分解，作用维持时间较短。预防性消毒的频次视所使用消毒剂的种类可以间隔 2～3 天或 1 周进行。疫源地和终末消毒需要增加频次，每天进行 1～2 次。养殖场（户）动物发现病情时应在进行病体处置等操作中随时消毒。

（2）消毒剂使用的剂量　每立方米空间消毒剂喷雾使用的剂量应在 300mL 左右才能达到消毒效果，夏季或冬季雨雪天气，空气湿度大于 70% 时需适当减少用量至 150～200mL。消毒前需丈量准备消毒的场所，计算需要配制消毒剂的总量。如果对地面进行喷洒消毒应将地面彻底湿润。消毒剂使用剂量参考，见表 3-12。

表 3-12　消毒剂使用剂量参考

消毒场所	消毒方法	用量	消毒时间
户外污染表面	液体消毒剂喷洒	500mL/m²	30min
	漂白粉喷洒	20 ~ 40g/m²	2 ~ 4h
舍内	液体消毒剂喷洒	100 ~ 500mL/m²	30min
	气溶胶喷雾	300mL/m²	60min
舍内地面	液体消毒剂喷洒	200 ~ 300mL/m²	60min
空舍	0.5%过氧乙酸熏蒸	1g/m³	120min
	甲醛熏蒸	25mL/m³	24h
污水	10% ~ 20%漂白粉溶液搅匀，30 ~ 50g/L溶液搅匀	余氯4 ~ 6mg/L	30 ~ 120min
粪便、分泌物	漂白粉干粉搅匀	1:5	2 ~ 6h
	30 ~ 50g/L含氯消毒剂	2:1	2 ~ 6h
运输工具	气溶胶喷雾	8mL/m³	60min
水泥地面泥土	火碱、漂白粉溶液喷洒	500 ~ 1000mL/m²	2 ~ 6h

——第四章——
猪场常用消毒方法及其适用性

按照消毒的性质将其分为物理消毒、化学消毒和生物消毒三种。按照消毒的目的将其分为预防消毒、紧急消毒和终末消毒三种。在猪场消毒实践中，根据不同的疫病发生和流行情况及不同的生产环节，在进行预防、紧急或是终末消毒时，物理、化学和生物消毒三种方法可以单独使用或联合使用。根据猪场消毒计划和临时疫病防控消毒需要，综合考虑养猪场地理、土壤、环境、水利资源、规模及经济等情况，针对不同的消毒对象可采取以下的具体消毒方法，在消毒时使用一种或几种，或多种并用。

一 清洁法

清洁法是通过清扫用具清扫及洗刷、冲洗等方法清除猪舍地面、墙壁及猪体表面和皮毛上污染的粪尿、垫草、饲料、尘土、各种废弃物等污物，从而清除其中的病原体。这是当代猪场清洁消毒的最常用方法（图4-1）。如果环境较为干燥，应先用清水或消毒剂喷洒，以避免尘埃等悬浮致使病原体散播。清扫要按顶棚-墙壁-地面的顺序进行，先舍内后舍外。清扫出来的污物要进行无害化处理，不能随意随地堆放。然后用清水或消毒液洗刷地面、墙壁、料槽、用具及猪体表，也可用高压水枪（水龙头）冲洗。清洁法能够将猪场的大量病原体清除，但不能彻底消毒。在生产消毒实际中还应配合其他的消毒方法，将残留的病原体消灭干净。

图4-1 对猪舍进行定期清扫清洁

二 通风换气法

通风换气可以将猪舍内的污浊空气及病原微生物排除出去，可以明显降低空气中病原体数量。这不仅是营造舒适猪舍小气候的必要条件，也是易被猪场忽视的一种重要的物理消毒方法，简便易行，性价比高，不用专门做大量经济投入，一般猪场都可以做到。猪舍内空气始终保持清新干净状态，可以大大减少病原体的污染和对猪群的发病威胁，对于猪场有效控制传染病发生和传播流行起到关键作用。有条件的猪场还可以给猪舍安装通风过滤装置（最好是电除尘器过滤除菌），除菌效果更好。猪舍最好使用纵向通风系统，风机安装在排污道一侧，猪舍间保持40~50m的间距，避免排出的污浊空气污染场区和其他猪舍。在养猪生产中，要严格按照通风换气操作规程和制度执行，掌握好通风的时机，冬季要把握好通风与保暖的关系，防止猪群发生冷应激。

三 光线辐射法

（1）日光照射　日光照射是猪场一种经济有效的消毒方法，通过其中的紫外线及热量和干燥等因素的作用直接杀灭多种病原微生物。在直射日光下经过几分钟或是几小时可杀死病毒和非芽胞性病原菌，经长时间日光直射可使芽胞菌致弱或失活。日光消毒是猪舍外场地、用具及物品消毒的经济实惠的方法。

（2）紫外灯照射　紫外灯照射发出的波长在 $200\sim320nm$ 的射线具有杀灭病原体的作用，$253\sim256nm$ 的紫外线杀菌能力最强。紫外线对细菌芽胞无效，且只能用于猪场物体表面消毒，将紫外灯置于猪场入口、更衣室等处，灯管不超过地面 $2m$，灯管周围 $1.5\sim2m$ 为消毒有效范围。消毒时灯管与污染物体表面的距离不超过 $1.5m$。要注意室内紫外线消毒时的空气湿度，相对湿度在 $40\%\sim60\%$ 之间。一般在洒水后将空间清扫干净，室内空气洁净后，开启紫外线灯。消毒时间一般为 $0.5\sim2h$，时间越长消毒效果越好。紫外线对水中常见细菌病毒的杀菌效果，见表4-1。距离与紫外灯辐射强度的关系，见表4-2。

表4-1　紫外线对水中常见细菌病毒的杀菌效果（辐射强度 $30mW/cm^2$）

种　类	名　称	100%杀灭所需时间/s	种　类	名　称	100%杀灭所需时间/s
细菌类	炭疽杆菌	0.30	细菌类	结核（分枝）杆菌	0.41
	白喉杆菌	0.25		霍乱弧菌	0.64
	破伤风杆菌	0.33		假单胞杆菌属	0.37
	肉毒梭菌	0.80		沙门氏菌属	0.51
	痢疾杆菌	0.15		肠道发烧菌属	0.41
	大肠杆菌	0.36		鼠伤寒杆菌	0.53

种　类	名　称	100%杀灭所需时间/s	种　类	名　称	100%杀灭所需时间/s
病毒类	腺病毒	0.10	病毒类	流感病毒	0.23
	噬菌胞病毒	0.20		骨髓灰质炎病毒	0.80
	柯萨奇病毒	0.08		轮状病毒	0.52
	爱柯病毒	0.73		烟草花叶病毒	16
	爱柯病毒Ⅰ型	0.75		乙肝病毒	0.73
霉菌孢子	黑曲霉	6.67	霉菌孢子	软孢子	0.33
	曲霉属	0.73～8.80		青霉菌属	0.87～2.93
	大类真菌	8.0		产毒青霉	2.0～3.33
	毛霉菌属	0.23～4.67		青霉其他菌类	0.87
水藻类	蓝绿藻	10～40	水藻类	草履虫属	7.30
	小球藻属	0.93		绿藻	1.22
	线虫卵	3.40		原生动物属类	4～6.70

表4-2　距离与紫外灯辐射强度的关系

距离/cm	辐射强度/（W/m²）	距离/cm	辐射强度/（W/m²）
10	1290.00±3.62	80	125.00±4.37
20	930.00±3.65	90	105.00±4.07
40	300.00±4.05	100	92.00±1.49
60	175.00±4.08		

四　蒸煮法

蒸煮法就是通过湿热灭菌，主要有煮沸和高压蒸汽灭菌两种方式。

（1）煮沸灭菌　根据被消毒物品，主要是金属、玻璃器皿、

工作服及耐煮制品的数量和大小，选择适当的铁锅、铝锅或专用煮沸器具，加水浸没后，煮沸 1~2h，即可杀灭所有病原体，包括繁殖体和细菌芽胞。实际消毒中，在水里加入 1%~2% 小苏打（碳酸氢钠）或 0.5% 的肥皂还可防止金属器械生锈和增强灭菌效果。各类器械煮沸消毒时间，见表 4-3。

表 4-3　各类器械煮沸消毒时间

消 毒 对 象	时间/min
玻璃类器材	20~30
橡胶类及电木类器材	5~10
金属类及搪瓷类器材	5~15
接触过传染病病料的器材	30 以上

（2）高压蒸汽灭菌　高压蒸汽灭菌使用高压灭菌器（蒸汽锅）等，通过其产生的高压水蒸气中的热量使病原体失去活性且短时间内即可完全灭菌。常用于玻璃器皿、纱布、器械、培养基、橡胶用品等耐高压器皿及生理盐水等的灭菌。

五　火焰法

火焰的烧灼和烘烤是非常简便常用的一种有效消毒方法（属物理消毒法），如图 4-2、图 4-3 所示。使用火焰消毒机械产生强烈火焰，通过高温，可杀灭环境中的各类病原体，适用于空舍（主要是猪舍地面、墙壁）和耐热物品的消毒。特别是当发生抵抗力强的病原体引起的传染病（如炭疽、气肿疽等）时，病猪的粪便、饲料残渣、垫草、污染的垃圾、其他应废弃的物品及病死尸体，均可用火焰焚烧。污染的金属制品也可采用火焰消毒法。夏季高温时消毒操作不宜时间过长，每人每次工作时间不要超过 30min，以免引起高温中毒。

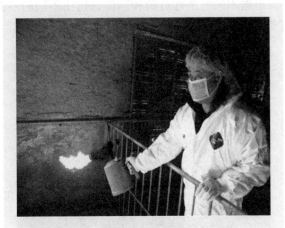

图4-2　火焰喷灯消毒猪舍内墙壁

图4-3　火焰喷灯消毒猪栏（舍）内料槽

六　喷雾法

　　喷雾消毒法是利用气泵将空气压缩，然后通过气雾发生器，使稀释的消毒剂形成一定大小的雾化粒子，均匀地悬浮于空气中，或均匀地喷洒覆盖于被消毒物体表面，达到消毒目的

（图4-4）。根据不同的消毒目的和部位，选用不同的喷雾器，常用的有背负式手动喷雾器、机动喷雾器、手扶式喷洒机。

图4-4 母猪舍带猪喷雾消毒

1. 喷雾消毒的种类

（1）普通喷雾消毒法 指用普通喷雾器喷洒消毒液进行表面消毒的处理方法，喷洒液体雾粒直径多在100μm以上。各种农用和医用喷雾器均可应用。

普通喷雾消毒法适用于墙面、地面、室外建筑物和场地、车辆、笼具及植被等的消毒。到达疫区或疫点后，先从足下喷洒，开辟无害化通道至操作端点，而后按先上后下、先左后右的顺序依次喷洒。喷洒量可依据表面的性质而定，以消毒剂溶液可均匀覆盖表面至其全部湿润为度。

喷洒有刺激性或腐蚀性消毒剂时，消毒人员应佩戴防护口罩、眼镜，穿防护服。室外喷雾时，消毒人员应站在上风向处。

（2）气溶胶喷雾消毒法 指用气溶胶喷雾器喷出消毒液进行空气或物体表面消毒的处理方法。90%的气溶胶喷雾器产生的雾粒直径在20μm以下。由于所喷雾粒小，浮于空气中易蒸发，可兼收喷雾和熏蒸之效，适用于对室内空气和物体表面实施消毒。使用时应特别注意防止消毒剂气溶胶进入呼吸道。气溶胶喷雾消毒剂用量参考，见表4-4。

表4-4　气溶胶喷雾消毒剂用量参考

消毒剂	用量	作用时间/min	备注
0.2%~0.5%过氧乙酸	8mL/m³	60	污染严重时，喷雾浓度可提高到2%
2%中性戊二醛	100mg/m³	30	
过氧化氢复方空气消毒剂	50mg/m³	30	60%~80%相对湿度
1.5%~3%过氧化氢	20mL/m³	60	
0.1%氯己定	20mL/m³	30	可带猪喷雾消毒，对结核杆菌和芽胞无杀灭作用
500mg/L二氧化氯消毒剂	20mL/m³	30	

2. 喷雾消毒的步骤

(1) 器械与防护用品准备　备好喷雾器、天平、量筒、容器等；高筒靴、防护服、口罩、护目镜、橡皮手套、毛巾、肥皂等。消毒药品应根据病原微生物的抵抗力、消毒对象特点，选择高效低毒、使用简便、质量可靠、价格便宜、容易保存的消毒剂。

(2) 配制消毒剂　按照说明书配制消毒剂，将配制的消毒剂装入喷雾器中，以容积的80%为宜。

(3) 打气　给喷雾器加压充气，感觉到有一定压力（反弹力）时即可喷洒。

(4) 喷洒　喷洒时将喷头高举在空中，喷嘴向上，以画圆圈的方式先内后外逐步喷洒，使药液如雾一样缓缓下落。要喷到墙壁、屋顶、地面，并以均匀湿润和畜禽体表潮湿为宜。不适宜带畜禽消毒的消毒剂，不能直接喷洒。喷出的雾粒直径一般应为80~120μm，不小于50μm。

(5) 消毒后的处理　先打开喷雾器旁边的小螺钉放气减压，再打开桶盖，倒出剩余的药液，用清水将喷管、喷头和桶体冲洗

干净，晾干或擦干后放在通风、阴凉、干燥处保存，切忌阳光暴晒。

3. 喷雾消毒的注意事项

1）装药时，消毒剂中不溶性杂质和沉渣不能进入喷雾器，以免在喷洒过程中堵塞喷头。

2）药物不能装得过满，以占药桶容积的80%为宜，以防打气受阻甚至造成桶身爆裂。

3）雾粒大小及均匀程度直接与气雾消毒效果有关。喷出的雾粒直径应控制在80~120μm，过大易造成喷雾不均匀和畜禽舍过于潮湿，而且雾滴在空中下降速度太快，与空气中的病原微生物、尘埃接触不充分，起不到消毒空气的作用；雾滴太小易被畜禽吸入肺泡，诱发呼吸道疾病。

4）喷雾时，畜禽舍应密闭，关闭门窗的通风口，减少空气流动。

5）喷雾过程中要随时注意观察喷雾质量和情况，发现问题或喷雾出现故障，应立即停止操作，进行校正或维修。

6）一般要设专人负责喷雾消毒工作，熟悉喷雾器的性能和构造，严格按使用说明书操作。

7）喷雾后，要用清水清洗喷雾器，待喷雾器充分干燥后，包装保存好，注意防止腐蚀。不能用去污剂或消毒剂清洗容器内部，定期保养。

七 浸泡法

浸泡法指将待消毒物品全部浸没于消毒剂溶液内进行消毒的处理方法，适用于对耐湿器械、器具、笼具等实施消毒。消毒至要求的作用时间时，应及时取出消毒物品用清水或无菌水清洗，去除残留消毒剂。

八 喷洒法

喷洒法是将消毒液均匀喷洒在被消毒物体上的方法，适用于猪舍周围环境、入口、地面、产床和培育床的消毒。消毒时应按照一定的顺序进行，一般从离舍门远端开始，以地面-墙壁-棚顶的顺序喷洒，全部猪舍喷洒完后再将地面喷洒一遍。喷洒后应将猪舍门窗关闭2～3h，然后打开门窗通风换气，再用清水冲洗饲槽、地面等处，将残余的消毒剂清除干净。还要将场舍附近及所有用具同时进行消毒，其他不便和不易用水冲洗和火碱消毒的设备等可以采取其他消毒方法进行消毒。注意场舍和物品都不能有遗漏的地方。猪舍喷洒消毒常用的消毒液有20%石灰乳、5%～20%漂白粉溶液、30%草木灰水、1%～4%氢氧化钠溶液、3%～5%来苏儿溶液、4%福尔马林溶液等。猪场（舍）喷洒消毒消毒液用量参考，见表4-5。

表4-5 猪场（舍）喷洒消毒消毒液用量参考

消毒场舍物品和部位	消毒液用量/（L/m²）
表面光滑的木头	0.35～0.45
原木	0.5～0.7
砖墙	0.5～0.8
土墙	0.9～1.0
水泥地、混凝土表面	0.4～0.8
泥地、运动场	1.0～2.0

九 冲洗擦拭法

擦拭法选用易溶于水、穿透性强的消毒剂，擦拭物品表面或动物体表皮肤、黏膜、伤口等处。在标准的含量和时间里达到消毒灭菌目的。

十 拌和法

在对粪便等污物进行消毒时，一般可用粉剂型消毒药品与其拌和均匀后，堆放一定时间，能取得良好的消毒效果。例如，将漂白粉与粪便以1:5的比例拌和均匀，可对粪便进行消毒。具体

程序是：称量或估算粪便等消毒对象的重量，计算出消毒药品的用量；选择适宜的堆放位置；进行拌和，堆放一定时间。

十一　撒布法

将粉剂型消毒药品均匀地撒布在消毒对象表面，例如可用消石灰（熟石灰）撒布在阴湿地面、粪池周围及污水沟等处进行消毒。

十二　熏蒸法

熏蒸消毒是利用消毒药物气体或烟雾，在密闭空间内进行熏蒸达到消毒目的的方法。该方法既可用于处理舍内空气（污染的空气），亦可用于处理污染的表面，适用于空舍消毒。优点是方法简单、节省人力；可在缺水的情况下进行；能同时处理大批物品；不会浸湿消毒物品。缺点是药物有的易燃易爆，有的有一定毒性；消毒所需时间较长；受温湿度影响明显；费用较高。熏蒸消毒使用药物为高锰酸钾（图4-5）和甲醛，其用量标准参考，见表4-6。

图4-5　猪舍熏蒸用高锰酸钾

表4-6　熏蒸消毒药物用量标准参考

消毒级别	药物用量			适 用 对 象
	高锰酸钾 /（g/m³）	甲醛 /（mL/m³）	水 /（mL/m³）	
一级消毒	7	14	7	发生过一般性疾病的猪舍
二级消毒	14	28	14	发生过较重传染病的猪舍
三级消毒	21	42	21	发生过烈性传染病的猪舍

1. 熏蒸消毒的基本方法

（1）**甲醛熏蒸**　将福尔马林置于陶瓷、玻璃或金属器皿中，直接在火源上加热蒸发。药液蒸发完毕后，应及时撤除火源。消毒使用量一般为 18mL/m³。要求消毒环境湿度保持在 70% ~ 90%。必要时可加水煮沸保持湿度。密闭 24h。甲醛熏蒸消毒处理剂量，见表4-7。

表4-7　甲醛熏蒸消毒处理剂量

产生气体方法	微生物类型	使用药物与剂量	作用时间/h
福尔马林加热法	细菌繁殖体	福尔马林 12.5 ~ 25mL/m³	12 ~ 24
	细菌芽胞	福尔马林 25 ~ 50mL/m³	12 ~ 24
福尔马林高锰酸钾法	细菌繁殖体	福尔马林 42mL/m³	12 ~ 24
		高锰酸钾 21mL/m³	12 ~ 24
福尔马林漂白粉法	细菌繁殖体	福尔马林 20mL/m³	12 ~ 24
		漂白粉 20g/m³	12 ~ 24
多聚甲醛加热法	细菌芽胞	多聚甲醛 10 ~ 20g/m³	12 ~ 24
醛氯消毒合剂	细菌繁殖体	3g/m³	1
微囊醛氯消毒合剂	细菌繁殖体	3g/m³	1

（2）高锰酸钾与福尔马林混合熏蒸 对空猪舍进行熏蒸消毒时，一般每立方米空间可用福尔马林 14～42mL、高锰酸钾 7～21g、水7～21mL，熏蒸消毒 7～24h。对疑似有芽胞污染的物品消毒，福尔马林要加量，每立方米用 50mL。

（3）过氧乙酸熏蒸 过氧乙酸熏蒸消毒适用于密封较好的房间内污染表面的处理。常用的过氧乙酸为 20% 的溶液，使用含量是 3%～5%。过氧乙酸蒸气的产生方法是使用陶瓷、搪瓷或玻璃容器加热。使用环境宜在 20℃，相对湿度 70%～90%，使用剂量为 1g/m³，熏蒸时间为 60～90min。达到规定时间后，要及时通风换气。

2. 熏蒸消毒程序

1）药品、器械与防护用品准备。消毒药品可选用福尔马林、高锰酸钾粉、固体甲醛、过氧乙酸等；所需器械有温度计、湿度计、加热器、容器等；防护用品有防护服、口罩、手套、护目镜等。

2）清洗消毒对象。首先对消毒场所（猪舍等）进行彻底清扫、冲洗干净。

3）摆放消毒容器。将装有熏蒸用的消毒剂的容器均匀地摆放在要消毒的猪舍等场所内，以 50m 长度的猪舍为例，每隔20m 放一个消毒容器。要求使用的容器耐灼烧、耐腐蚀，一般用选用陶瓷或搪瓷制品。

4）关闭门窗、排气孔。

5）按说明书要求配置消毒用高锰酸钾和甲醛溶液（图 4-6、图 4-7）。

6）熏蒸（图 4-8）。

十三 饮水法

饮水法就是对猪只饮水进行消毒的方法。水中的微生物主要来自土壤、空气、猪的排泄物、生活污物等。微生物在水中的分布及含量很不均匀，它受水的类型、有机物的含量及环境条件等

图4-6 按比例量取高锰酸钾

图4-7 向消毒桶内倒入适量甲醛溶液

图4-8　对空猪舍进行熏蒸消毒

因素影响，且常常因水的自净作用而难以长期生存。但也有一些病原微生物可在水中生存相当长时间（表4-8），并可通过饮水引起传染。为了杜绝经水传播疾病的发生和流行，避免猪只发病，对猪的饮用水必须进行消毒处理。

表4-8　病原微生物在各种水中生存时间　（单位：天）

病 原 菌	灭菌的水	被污染的水	自 来 水	河　　水	井　　水
大肠杆菌	8～365	—	2～262	21～183	—
伤寒沙门氏杆菌	6～365	2～42	2～93	4～183	1.5～107
志贺氏杆菌	2～72	2～4	15～27	12～92	
霍乱弧菌	3～392	0.5～213	4～28	0.5～92	1～92
钩端螺旋体	16	—	—	小于150	7～75
土拉杆菌	3～15	2～77	小于92	7～31	12～60
布拉氏杆菌	6～168		5～85	—	4～45
坏死杆菌	—			4～183	

病 原 菌	灭菌的水	被污染的水	自 来 水	河 水	井 水
鼻疽杆菌	365	—	—		—
马腺疫链球菌	9	—	9		—
结核杆菌	—	—	—	150	
口蹄疫病毒	—	103	—	—	—

　　饮水消毒法又分为两类，一种是物理法，另一种是化学法。物理法就是利用煮沸、紫外线照射、超声波、电磁场作用等对水进行消毒，一般猪场少用。最常用的是化学法，就是使用化学消毒剂对饮水进行消毒，主要利用含氯、碘、溴、臭氧等消毒剂达到消毒目的。

　　在饮水中加入适量的消毒剂杀死水中的病原体，可以大大减少水中细菌与病毒的数量，有的消毒剂还能杀死寄生虫卵。尤其是没有条件（北方地区在冬季保温条件不好）进行喷雾消毒的猪场，更应重视饮水消毒。采用饮水消毒可以节省劳力。临床上常见的饮水消毒剂多为氯制剂、碘制剂和复合季铵盐类等。消毒剂可以直接加入蓄水池或水箱中，用药量以最远端饮水器或水槽中的有效含量达到该类消毒药的最适饮水含量为宜。要选择有效、对动物无毒性、无副作用、动物产品中无残留的消毒剂。应注意弱毒活苗接种前后两天停止饮水消毒。如果采用流水槽给水，在夏季每周清洗一次即可。饮水消毒可以防止给水器或水管形成菌垢（细菌的结块）、长苔而堵塞，对抗生素药物治疗无效的病毒病也有一定的防治作用。经消毒后的水质应达到《中华人民共和国生活饮用水卫生标准》（GB 5749—2006）。不同水源水消毒的加氯量，见表4-9。

　　生产实际中，猪场一般使用居民饮用自来水，其水质有保证，但对水质也要定期进行检测，还要监测大肠杆菌等病原微生物的含量。如使用自备深井水或其他水源，在消毒时要注意以下事项：

表4-9 不同水源水消毒的加氯量

水源种类	加氯量/(mg/L)	1m³ 水中漂白粉量/g
深井水	0.5~1.0	2~4
浅井水	1.0~2.0	4~8
土坑水	3.0~4.0	12~16
泉水	1.0~2.0	4~8
湖河水（清洁透明）	1.5~2.0	6~8
湖河水（水质混浊）	2.0~3.0	8~12
塘水（环境较好）	2.0~3.0	8~12
塘水（环境不好）	3.0~4.5	12~18

1）选用价廉物美，对病原微生物有强大的杀灭作用，长期使用对猪体无毒性、副作用和残留的消毒剂。一般猪场可选用二氯异氰尿酸钠做饮水消毒剂，易于保存，价格适中，消毒效果也很好。

2）正确掌握其含量。进行饮水消毒时，要正确掌握用药含量，不是含量越高越好，含量和副作用要两全考虑。

3）检查饮水量。药量过多会给猪的饮用带来异味，引起猪的饮用量减少，要经常检查饮水的供给量和猪的饮用量，饮水不足，特别是夏季，将会引起猪的生产性能下降。

4）一般饮水中只能放一种消毒剂，不能多种消毒剂同时混合使用，也不能长期使用一种消毒剂，应几种消毒剂交替使用。某些消毒剂要现用现配，不能久放，如高锰酸钾等。

5）避免破坏猪的免疫。在对猪进行饮水免疫或气雾免疫前后各2天（即5日内），不能进行饮水消毒。同时，要把饮水用具洗净，防止消毒剂破坏疫苗的免疫作用。

十四 发泡法

发泡消毒法是把含量较高的消毒剂制成泡沫状来进行撒布消

毒的方法。泡沫在被消毒面均匀附着，能较长时间发挥作用。采用发泡消毒法，对换气扇、给料槽等复杂形状的器具、设备进行消毒时，由于泡沫能较好地附着，故能得到较为一致的消毒效果。此外，由于泡沫能较长时间（30min以上）地附着在被消毒物体表面上，延长了消毒药剂的作用时间。发泡消毒法有较高的杀毒效果，喷洒药液时不产生飞沫，从而能防止操作者吸入药剂，对劳动环境的改善具有十分重要的意义。发泡消毒用水量少，消毒后几乎没有药液从排水沟流出，避免了对污水处理系统的影响。

十五 生物热消毒法

生物热消毒法是猪场一种最常用的粪便消毒法。将粪便和垃圾堆积发酵，利用粪便和土壤中湿热细菌繁殖产生的热量杀灭病原微生物，适用于粪便、垫料的消毒，不适用于芽胞和重大动物疫病猪粪便的消毒。处理后的粪便还可以作为肥料使用。

——第五章——
消毒操作程序

一 消毒前的准备工作

消毒前必须清除消毒现场的粪便、饲料残渣、畜禽分泌物、体表脱落物等有机物及鼠粪、污水或其他污物，将可拆卸的用具如食槽、水槽、笼具、护仔箱等拆下，运至舍外清扫、浸泡、冲洗、刷刮并反复消毒。舍内在拆除用具设备之后，从屋顶、墙壁、门窗直到地面和粪便池、水沟等，按顺序认真打扫清除污物，然后用高压水冲洗直至完全干净。最好先用消毒剂浸泡、喷洒或喷雾被清除物，以免病原微生物四处飞扬和顺水流排出，扩散至相邻的畜禽舍及环境中，造成扩散污染。

二 消毒剂的配制

购买市售的化学消毒剂，由于剂型和含量的不同，大部分不能直接用于猪场消毒，要根据猪场消毒对象、方法、途径及含量的要求对化学消毒进行剂型处理，如固体的或者是含量高的要加水等进行稀释。化学消毒剂使用前一定要认真阅读说明书，了解标签上的标示含量、稀释方法和倍数，然后按照要求配制成不同含量的稀释液。配制药剂的含量要准确无误，否则会直接影响消毒效果，甚至是因为含量达不到或是不符合要求，起不到消毒作用。

1. 配制方法

1）仔细阅读消毒产品的使用说明，应特别注意有效成分与使用方法。

2）根据消毒目的选定消毒剂溶液的配制含量。疫源地消毒、随时消毒、终末消毒应使用消毒剂说明指定的高含量；预防消毒和带猪消毒则适宜使用较低含量的消毒剂。

3）消毒前需丈量准备消毒的场所（图5-1），并计算消毒工作所需的消毒剂溶液总量及需加入的消毒剂量。

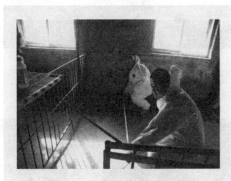

图5-1　消毒前丈量猪舍面积

4）选择一处通风良好的地方，打开窗，穿上工作服，戴上手套、口罩与眼罩等个人防护用品。

5）使用耐腐蚀、耐热的洁净塑料容器，将所需的水和消毒剂加入塑料容器内，充分混合备用，固体消毒剂应充分溶解（图5-2、图5-3）。

2. 消毒剂溶液含量的表示方法

消毒剂溶液含量的表示应以有效成分的含量为准。常用百分含量和百万分含量表示。

百分含量：每一百份消毒剂溶液中含有效成分的份数，符号是"%"。百分含量中的重量百分含量即100g消毒剂溶液中含有效成分的克数。容量百分含量即100mL消毒剂溶液中含有效成分

的毫升数。

百万分含量：每一百万份消毒剂溶液中，含有效成分的份数，单位是 mg/L。

图 5-2　配制消毒剂（用量筒量取原液）

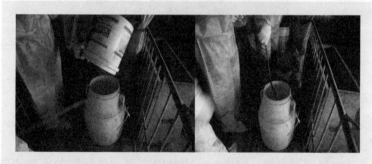

图 5-3　配制消毒剂（倒入稀释液并搅拌）

3. 消毒剂配制的计算公式

（1）按照百分数计算

欲配制消毒剂含量 × 欲配制数量 = 所需原药量

欲配制数量 − 所需原药量 = 加水量

（2）按照实际所含有效成分配制

（欲配制消毒剂含量 × 欲配制数量）/原消毒剂有效成分含量 = 所需原药量欲配制数量 − 所需原药量 = 加水量

三 空舍消毒

猪舍的一般消毒包括平时日常预防消毒和发生传染病时的紧急临时消毒。分为猪饲养过程中带猪消毒和转群、销售后、发病处理后的空猪舍消毒两种。平时要经常保持猪舍的环境卫生，饲养员要穿戴猪场专用的工作服和鞋帽，经消毒池进入猪舍，每天清扫猪舍的走道和工作间，避免尘埃悬浮飞扬，在清扫前可预先喷洒水和消毒液，工作人员在饲喂前要用消毒液洗手消毒。坚持每日进行清粪，刷洗水槽、料槽消毒 1 次。坚持每周 2 ~ 3 次消毒，发生疫情时每日消毒 1 次。

1. 空舍消毒的操作顺序

清除舍内的粪尿及垫料，一并做无害化处理；用高压水彻底冲洗顶棚、墙壁、门窗、地面及其他一切设施，直至洗涤液透明为止；水洗、干燥后，关闭门窗；每立方米用福尔马林 25 ~ 40mL 加 12.5 ~ 20.0g 高锰酸钾熏蒸消毒 24h，然后开窗通风 24h；也可用 3% ~ 5% 的过氧乙酸溶液（1 ~ 3g/m³）加热熏蒸，并密闭 1 ~ 2h；也可用火焰喷射器消毒。具体操作如下：

1）卫生清扫和物品整理空栏或空舍后，清除干净栏（舍）内的所有垃圾和墙面、顶棚、通风口、门口、水管等处的尘埃及料槽内的残料，并整理舍内的各种用具，如小推车、笤帚、铁锹等。

2）栏（舍）、设备和用具的清洗。

① 对空栏（舍）内的所有表面进行低压喷洒并确保其充分湿润，必要时进行多次的连续喷洒以增加浸泡强度。喷洒范围包括墙面、料槽、地面或床面、猪栏、通风口及各种用具等，尤其是料槽，有效浸泡时间不低于 30min。

② 使用冲洗机彻底高压冲洗墙面、料槽、地面或床面、饮水器、猪栏、通风口、各种用具及粪沟等，特别是不容易冲洗的地方如料槽和接缝处，直至上述区域干净清洁为止。

③ 使用冲洗机低压自上而下喷洒墙面、料槽、猪栏、饮水

器、通风口、各种用具及床面、地面等，清除在高压冲洗过程中可能飞溅到上述地方的污物。随后保持尽可能长的晾干时间，但不应超过1h。

3）实施消毒。栏（舍）、设备和用具的消毒使用选定的广谱消毒剂自上而下喷雾或喷洒，保证舍内的所有表面（墙壁、地面等）及设备（料槽、饮水器等）、用具均得到有效消毒。在均匀喷雾或喷洒的基础上，对病弱猪隔离栏、接缝处等重点消毒。消毒后猪舍保持通风干燥，空置3~5天。

4）恢复舍内的布置。在空舍干燥期间对舍内的设备、用具等进行必要的检查和维修，重点是料槽、饮水器等，堵塞舍内鼠洞，做好舍内的药物灭鼠工作。

5）下次进猪前一天再次对空舍进行喷雾消毒一遍。

空舍消毒流程，见图5-4。

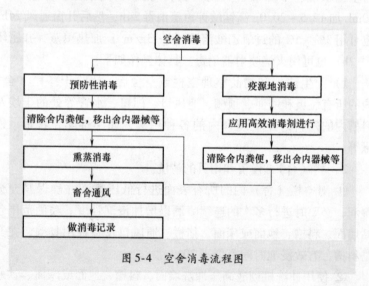

图5-4　空舍消毒流程图

2. 空舍消毒的注意事项

1）清扫、冲洗、消毒每一步都必须细致认真，并按顺序严格进行。一般是先顶棚，后墙壁，再地面。从猪舍远离门口的一边到靠近门口的一边，先室内后室外，依次进行清扫、冲洗、消毒，不能有死角和漏掉的地方。

2）清扫出来的粪便、灰尘、垃圾等要集中处理，冲洗出来的污水、使用过的消毒液等污染液体要及时排放进下水污水管道，不能随意堆置于猪舍外，任其自由漫流，以避免造成新的人为的猪舍环境污染。

3）每次消毒要有间隔，一般在冲洗、消毒干燥后，再进行下一次消毒。如果没有进行通风干燥，猪舍内还保持一定的湿润状态，特别是猪舍地面、墙壁等的微小空隙中会沾满水滴，再次消毒时消毒药会难以浸透进去，影响消毒效果，使消毒工作不确实。

4）根据季节变化和猪场发病及污染情况，适时掌握消毒的次数和调整消毒程序。

四　带猪消毒

在生产过程中，养猪场的猪舍内和猪只体表会自然存在大量的病原微生物，并不断滋生繁殖，达到一定数量，在一定条件下，就会引起猪发生传染病。在猪饲养过程中（不同阶段的猪）对猪舍内一切物品及猪体表、猪舍空间使用一定含量的消毒剂进行喷洒或熏蒸消毒，杀灭舍内病原微生物，防止其在猪舍内繁衍，这就是带猪消毒（图5-5）。带猪消毒是现代集约化饲养条件下综合防疫的主要组成部分，是控制猪舍内环境污染和疫病发生传播的主要有效手段之一。实践证明，坚持定期对猪群进行带猪消毒，可以大大减少疫病的发生。

1. 选择适用消毒剂

选择的消毒剂应对畜禽无害，如吸入毒性小、刺激性小、皮肤吸收低，不影响毛质，不引起皮肤脱脂，在蛋肉中不残留、不着臭、无异味，对笼具和器材无腐蚀性等，如过氧化物、有机氯制剂、无机氯制剂、碘制剂、季铵盐类消毒剂等。畜禽带体消毒多采用喷雾方法进行，消毒时不能避开动物体表，可根据情况，

每2～3天或每周1次，发生疫情时可每天消毒1次。使用0.2%～0.3%的过氧乙酸、0.2%的二氯异氰尿酸钠、150mg/L的百毒杀等，最好每3～4周更换一种消毒药。

图5-5 带猪喷雾消毒

2. 带猪消毒的作用

（1）杀灭病原微生物 病原微生物能通过空气、饲料、饮水、用具及人体等传入猪舍，通过带猪消毒，可以全面地杀灭环境中的病原微生物，并能杀灭猪体表的病原微生物，以防传染病的发生。

（2）净化空气 猪体消毒能够有效降低猪舍空气中飘浮的尘埃和尘埃上携带的微生物，达到湿润和净化舍内空气的作用，减少猪呼吸道疾病的发生。

（3）防暑降温 在夏季可以每天喷雾消毒1次，既能减少猪舍内病原微生物含量，又能有效降低舍内温度，缓解热应激，降低死亡率。

（4）沉降粉尘 选用适合的消毒剂所形成的气雾粒子还能黏附舍内空气中的尘埃，使其沉落地面，可明显减少空气中的粉尘，从而降低粉尘对猪只呼吸道的刺激和损伤作用，避免因粉尘诱发猪只呼吸道疾病。

3. 带猪消毒的注意事项

(1) 消毒前做好清洁　猪体消毒的着眼点不局限于猪体表，而是要着眼于整个猪所在的猪舍空间和环境，否则就不能全面、彻底地杀灭病原微生物。必须先对消毒的猪舍环境进行彻底的清洁，扫去地面、墙壁和天花板上的污染物，清理设备和用具上的污垢，清除光照系统（电源线、光源和罩）、通风系统上的尘埃等，以提高消毒效果和节约消毒剂。

(2) 正确配制及使用消毒剂　根据猪群情况、消毒时间、喷雾量及方法等，正确配制和使用消毒剂。不要随意提高或降低药物使用含量，有的消毒剂要现用现配，有的可以放置一段时间，按消毒剂的说明书要求进行配制和操作，通常配好的消毒剂放置时间不能过长。过氧乙酸就是这样一种常用的消毒剂，效果好、价格便宜、容易获取。一般正规包装应将30%的过氧化氢与16%的醋酸分开包装（称为二元包装或 A、B 液），消毒前将两种药液等量混合，放置 10h 即可配制成 0.3% ~ 0.5% 的消毒剂，A、B 液混合后在阴凉干燥处保存 10 天内效力不会降低，但在 60 天后消毒效果会下降 30% 以上，存放时间越长越容易失效。选择带猪消毒时，必须有针对性地选用消毒剂，不能将几种不同的消毒剂混合使用，否则会导致消毒效力降低，甚至药物失效。选择 3 ~ 5 种不同的消毒剂交替使用，每月轮换 1 次，因为不同消毒剂抑制和杀灭病原微生物的范围不同，交替使用可以相互补充，以杀灭各种病原微生物。

(3) 严格按要求稀释消毒剂　选择杂质较少的深水井水或自来水稀释配置消毒液，北方寒冷季节水温要高一些，以防水分蒸发引起猪只受凉感冒发病。炎热夏季水温可以低一些，并选在气温最高时进行消毒，喷雾或喷洒消毒还能起到防暑降温作用，一举两得。喷雾用药含量要均匀，必须由专职防疫兽医人员按说明书规定严格配制，对不易溶于水的药剂应充分搅拌使其溶解。

(4) 选择好消毒时机　一般免疫接种前后 2 天内不要进行带

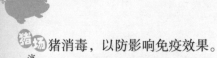

猪消毒，以防影响免疫效果。

五 猪场各生产环节的消毒

1. 产前、产后母猪及仔猪的消毒

猪场产前待产猪舍要进行空舍消毒，其地面和设施的清洗和消毒程序同本章"空舍消毒"一节，在最后一次消毒后通风换气干燥 1~6h 可以进待产母猪。

1）母猪产前用全安等消毒药按 1:200 或碘酸稀释后对母猪进行洗涤消毒，全身擦洗后擦干。

2）母猪产后进行清洁消毒，严格护理，保证母猪生殖系统卫生健康。母猪分娩后 24h 以内，先用全安等按 1:200 或碘酸按 1:150 稀释，冲洗子宫，2h 后将滞留胎衣剥离排出，最后用消毒灭菌的专用不锈钢推进器将抗生素类药物注入子宫内。

3）仔猪断脐消毒和保温处理。仔猪生出后迅速用毛巾等将胎衣擦拭完毕后，立即用干燥粉擦拭抹干，将仔猪脐带在碘酸 1:150 稀释液中浸泡 1~3sec。

4）断尾、剪牙、去势后的手术创口直接用 1:150 的碘酸稀释液涂抹消毒。

5）断奶前仔猪消毒。仔猪出生后 10 天，用全安 1:500 或碘酸 1:150 的稀释液喷雾消毒，夏天可直接对仔猪带猪喷雾消毒，冬季气温较低时，空气喷雾，水滴要细小，并缓慢下降，使仔猪既不感到潮湿寒冷，又达到消毒目的。一般要每天 1 次，用量为 15~30mL/m^2。同时，仔猪吸入聚维酮碘小雾滴，可直接作用于肺泡，可有效改善仔猪呼吸系统状况和控制其疾病的发生。

2. 保育猪舍消毒

仔猪断奶进入保育猪舍，在前一天要对高床、地面、保温垫板进行充分喷洒消毒，可用 1:500 的碘酸的稀释液或是全安 1:500 或 1:1000 消毒威稀释液进行消毒，其用量为 100mL/m^2。干燥后进断奶仔猪。

3. 育肥猪舍的消毒

育肥猪舍在空舍时的消毒程序与本章"空舍消毒"一节相同。进猪后要加强定期消毒，以保证良好的猪舍环境卫生。主要采用专用汽化喷雾消毒机进行喷雾消毒。喷雾水滴直径为 80～100μm，这样消毒剂水滴在猪舍空气中缓慢下降时与空气粉尘充分接触，从而杀灭粉尘中的病原微生物。一般可用 1：1200 的消毒威或 1：1500 的绿力消稀释液每隔 1 天消毒 1 次，1 周 2 次。爆发疫病时每天消毒 1 次。

4. 后备猪、怀孕母猪、种猪舍及公猪的消毒

后备猪、怀孕母猪及种公猪舍必须保持良好的卫生清洁情况，一旦发病影响巨大，损失严重。可用 1：1000 消毒威稀释液每 3 天消毒 1 次。发生传染病时，用 1：800 消毒威每天消毒 1 次。

公猪采精时消毒也很重要。具体办法是：在采精完毕时，一手抓住公猪阴茎不放，另一手在阴茎上抹 1：500 碘酸稀释液，之后慢慢放开抓阴茎的手，使其均匀涂抹在阴茎上，保护阴茎免受感染。

5. 病猪隔离室的消毒

猪场至少要有一个病猪隔离室，大型猪场最好是每个生产区单设病猪隔离室。当日常巡视发现有异常的病猪时，要及时放进隔离舍进行隔离观察，以免造成传染和发病。隔离室要严格消毒，具体程序是：每天用 1：800 消毒威或 1：300 菌毒灭稀释液喷雾消毒。如果发生呼吸道疾病，用 1：300 稀释液碘酸汽化喷雾消毒，10min 后开窗通风换气，让病猪充分吸入活性碘，直接作用于肺泡，以控制和杀灭肺泡中的病原微生物，控制呼吸道疫病传播流行；如果发生肠道疫病，按 0.8g/t 的比例在饮水中加入碘酸消毒。

六　户（舍）外消毒

户外包括运动场、通道和畜舍周边环境。首先进行清扫，清除垃圾和杂草等后，用 2% 的火碱溶液进行消毒，每周 1 次；场

猪场

消毒防疫实用技术

周围及场内污水池、排粪坑和下水道出口，每月用漂白粉消毒1次。养殖场所的出入口，门口设消毒池，使用2%的火碱溶液，每日进行更换。在重点防疫期内加强场内环境消毒，每周进行 1～2 次消毒（图5-6）。药液用量以

图5-6　猪舍外场区道路喷洒消毒

主要道路、人员活动频繁区域等关键部位达到充分湿润为最低限度。户外消毒流程，见图5-7。

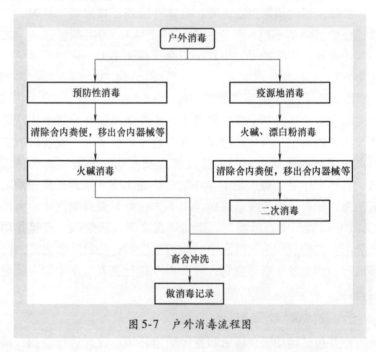

图5-7　户外消毒流程图

七 进出人员消毒

进入生产区的所有人员在生产区消毒间用 0.3% ~ 0.5% 的碘伏消毒液洗手，也可用季铵盐类、含氯类消毒剂洗手消毒。在外更衣室脱掉所穿衣物，在淋浴室彻底淋浴，进入内更衣室，穿舍内工作服和胶靴，经专用消毒通道进入生产区。工作服、靴、帽用前用后应洗净放入消毒室内，每立方米用 28 ~ 42mL 福尔马林熏蒸 30min，消毒后备用。人员入场消毒程序，见图 5-8。进出人员消毒的设备，见图 5-9 ~ 图 5-18。

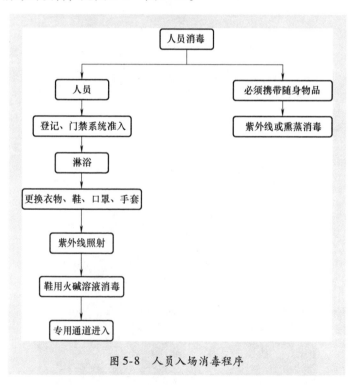

图 5-8 人员入场消毒程序

八 进出车辆消毒

进出车辆的消毒（图 5-19 ~ 图 5-23），是最常见易被忽视的消毒环节之一，不仅车辆逃避消毒，猪场管理者也易疏忽，有

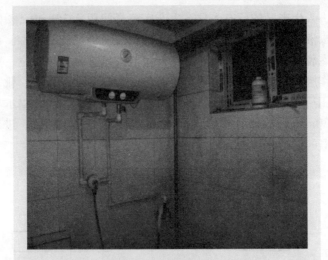

图 5-9　淋浴间

图 5-10　更衣消毒室

图 5-11　进入场区的人员消毒通道

图 5-12　装有离心喷雾消毒设备的人员通道

图 5-13　人员消毒通道入口（设有门禁系统）

图 5-14　人员消毒通道自动喷淋系统

图 5-15　消毒通道末端（有门禁和时间控制系统）

图 5-16　人员入口洗手设备

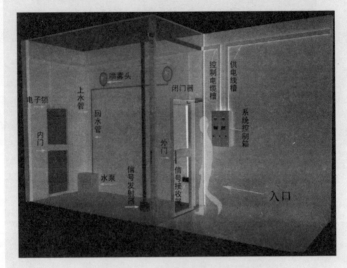

图 5-17 人员消毒通道模拟图

图 5-18 人员参观通道

（人与猪通过玻璃进行物理隔离）

图 5-19　对进场车辆进行喷洒消毒

图 5-20　对进场车辆进行自动喷雾消毒

图 5-21　全自动车辆防疫消毒通道

图 5-22　消毒通道

图 5-23　车辆消毒通道模拟图

时其至还会流于形式，很可能因小失大，浪费人力物力，又给养猪场带来疫病传播隐患。

1）清洗车辆粘带的粪便和泥土等污物。最好使用高压冲洗设备。

2）对进场的生产车辆实施喷雾或喷洒消毒，醛类、含氯类、过氧化物类和复合酚消毒剂均适合于车辆消毒。消毒范围为整个车体（包括车辆底盘、驾驶室地板）和车辆停留处及周围，车辆外表按从上到下的顺序进行喷雾（洒）；车辆内部从顶层开始向底层进行，确保顶棚、四壁、分隔和地板都经过彻底消毒。药液用量以充分湿润车辆表面为最低限度。

3）车辆消毒池。养殖场入口场区入口处的车辆消毒池（图5-24），长度应为3~4m，宽度与整个入口相同，池内药液高度为15~20cm，车辆进入场区时需缓慢通过消毒池，使车轮充分接触消毒液体。

图5-24 猪场大门口处的车辆消毒池

九 器具消毒

器具包括笼具、料槽、饮水器等，适合器具使用的消毒剂应无腐蚀性，醛类、季铵盐类、酚类消毒剂可以用做器具消毒。各种器具每天进行清洗，每周1次或每次动物周转时消毒，消毒前进行彻底清洗，消毒的方式可采用熏蒸消毒和浸泡。消毒空舍时可随之进行熏蒸消毒，平时采用浸泡方式消毒，浸泡时间不能少于30min。兽医诊疗用具用高压蒸汽灭菌消毒（图5-25、图5-26）。

十 手和工作服的消毒

1. 手的消毒规程

（1）洗手消毒程序

1）在水龙头下先用清水把双手弄湿。

图 5-25　器械放入消毒盒中高压消毒

图 5-26　消毒盒放入高压锅内蒸煮消毒

2）双手涂上洗涤剂（肥皂），或使用消毒水洗手。

3）双手互相搓洗 20s。

4）用清水彻底冲洗双手，工作服为短袖的应洗到肘部。

5）关闭水龙头（手动式水龙头应用肘部关闭）。

6）用干手机烘干双手。

7）喷涂消毒剂消毒双手或戴消毒手套。

（2）标准洗手方法　标准洗手方法见图 5-27。

①掌心对掌心搓擦　②手指交错掌心对手背搓擦　③手指交错掌心相对搓擦

④两手互握互搓指背　⑤拇指在掌中转动搓擦　⑥指尖在掌心中摩擦

图 5-27　标准洗手方法

2. 工作服的清洗消毒

（1）工作服的收集

1）按规定周期需要洗涤的工作服，按个人编号，放入封闭塑料袋中。

2）集中装入专用容器或相应袋子内，外表贴挂状态标识；标明类别、数量、"待清洗"等，如果接触过特别危险的病原时，应特殊标明，送入洗衣间。

3）洗衣工按类别，将洁净服袋打开，逐件检查，有损坏处或穿用时间过长应及时换掉。

（2）工作服的洗涤

1）消毒：用 100mg/kg 次氯酸钠（84 消毒液）或乙酸等消毒剂浸泡 20min，或采用高压灭菌的方式，清洗并烘干后的衣物也可用紫外线进行消毒。

2）手工清洗：有明显污迹处，需特别用手工处理一遍。

3）机器清洗：用洗衣机添加洗衣粉或洗衣液进行清洗。清

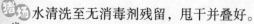

水清洗至无消毒剂残留，甩干并叠好。

4）烘干：采用机械或日照的方式烘干。

5）将洁净服折叠整齐后，按编号装在相应的洁净袋内。并标明已消毒。

十一 粪污的消毒

粪尿和污水是养猪场产生的最多的废弃物，也是病原微生物滋生的主要场所，尤其是在发生传染病时的猪只粪污排泄物中存在大量病原体，是造成养猪场疫病隐患的主要传染源，必须对养猪场的粪污进行消毒灭菌或无害化处理。当前大都市和全国发展生态健康养殖的新形势，对养猪场建设和发展提出了更高的更严格的要求，特别是已将粪污处理系统作为规模化、集约化养猪场规划布局建设的重要内容，成为建立养猪场的主要准入条件。所以要高度重视和做好粪污的规范化和现代化处理工作。

1. 污水的消毒

养猪场污水主要包括猪只尿液、冲洗消毒设备（场所）和清理粪便排出的废液。这些废液中存在大量的病原微生物。可通过滤过法、沉淀法和化学消毒法进行消毒处理。一般先在过滤池中对粪污进行过滤，除去粪污水中大部分固形成分和部分病原体。一般情况下沉淀法不常用。大量污水主要通过过滤（干固）后用化学消毒法进行处理：先将污水集中排入污水处理池，加入化学消毒剂进行消毒。根据污水的量判定消毒剂用量，一般情况下每升污水用 $2\sim5$g 漂白粉即可。

2. 粪便的消毒

猪粪便的消毒有多种方法，养殖场最常用的是生物热消毒法，通常有发酵池法和堆粪法。猪粪便中含有一些病原微生物和寄生虫卵，发病期患病猪的粪便中病原微生物数量更多，必须对粪便进行无害化处理，严格消毒。

（1）焚烧 此种方法是消灭一切病原微生物最有效的方法，故用于消毒一些危险的传染病（如炭疽、猪瘟等）病畜的粪便。

焚烧的方法是在地上挖一个壕，深75cm、宽75～100cm。在距壕底40～50cm处加一层铁梁（要密一些，否则粪便容易下落），在铁梁下面放置木材等燃料，在铁梁上放置将要消毒的粪便，如果粪便较稀，可混合一些干草，以便迅速烧毁。这种方法会损失有用的肥料，并且需要消耗很多燃料。一般只在对芽胞病原菌污染的粪便消毒时使用该方法。

（2）掩埋 将污染的粪便与漂白粉或新鲜的生石灰混合，然后深埋于地下，掩埋深度应达到2m左右。此种方法简便易行，一般的养猪场都适用。应该注意的是这种消毒方法可能会使病原微生物经地下水散布传播和损失肥料。

（3）生物热消毒 这种方法是养猪场最常用的粪便消毒方式，能杀灭所有非芽胞病原微生物，且能保住粪便肥料的使用价值。通常有两种方法。

1）发酵池法。此法适用于规模化的大中型猪场，多用于稀薄粪便的发酵。发酵池选在距离猪场200m以外，远离居民区、河流、水井等区域设施，根据粪便多少挖掘2个或更多适宜数量的发酵池，建造成圆形或方形的池子。池子的边缘与池底用砖砌而成，再涂抹一层水泥，使其不发生渗漏。如果土质干涸，地下水位低，也可不用砖和水泥，而是在池底铺一层干粪，然后将每天清除的粪便、垫草、污物等均匀倒入池内，将近装满粪池时，在上表面铺一层干粪或杂草，之后再封上一层泥土。为了保全发酵效果和保持环境良好、卫生，最后可在泥土层上面封盖木板，经1～3个月发酵，可出粪清池。在此期间每天清出粪便可倒入另一个发酵池，几个发酵池可适时轮换使用。

2）堆粪法。小型猪场多采用这种方法，适用于干固粪便的发酵消毒。同样要选址在距离猪场200m以外，在平地上规划设置一个堆粪场，在这块场地上挖一个浅沟，深约20cm，宽1.5～2m，长度视粪便多少而适量确定。长沟（坑）挖好后，先将正常粪便或是垫草等堆入至厚25cm，然后将待消毒的粪便、垫草等放在上面，高度 1.5～2m，之后再在粪堆外围铺上厚 10cm 的正常粪便或垫草，最后外层再覆盖 10cm 厚的沙土，如此堆放。夏天 2 个月或冬天 3 个月以上时，即可出粪清坑。如果粪便较稀，可再适量加入干草和秸秆，过于干燥时，可加入稀粪和水，促进其快速发热，进行消毒。高温堆肥（好氧发酵）的卫生要求见表 5-1。

表 5-1　高温堆肥（好氧发酵）的卫生要求

序号	项目指标		卫生要求
1	温度与持续时间	人工	堆温≥50℃，至少持续 10 天
			堆温≥60℃，至少持续 5 天
		机械	堆温≥50℃，至少持续 2 天
2	蛔虫卵死亡率		≥95%
3	粪大肠菌值		≤10^{-2}
4	沙门氏菌		不得检出

猪的粪便还可以进一步加工利用，制成高效有机复合肥料。特别是当前大中型规模化猪场，在发展高效环保养猪业和农业循环经济中，扮演着重要的角色，必须重视这一项工作。同时，通过生产高效有机复合肥料，还提高了养猪企业生产附加值和经济效益。高效有机复合肥料生产工艺流程，见图 5-28。

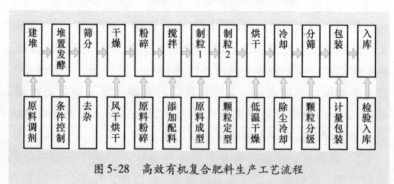

图 5-28　高效有机复合肥料生产工艺流程

3）沼气池发酵法。这种方法适合于有条件的大型现代化规模猪场，每天的排粪量很大。是利用生物热消毒处理粪便，把生物热发酵与生产沼气结合起来，实现粪便消毒、利用生物热能、还粪肥田三位一体化粪污处理新模式，生产的沼气可用于供热、做饭及日常用电。该法不仅符合都市型现代生态循环畜牧业发展和健康养殖理念，也是今后生猪养殖发展的必然趋势。

4）注意事项。

① 发酵池和堆粪场应选在猪场的下风处，发酵池要坚固且防渗漏，以免污染地下水。

② 掩埋地点应选择远离学校、公共场所、居民区、村庄、饮用水源地、河流等地势高燥、地下水位较低的地方。

③ 堆料应疏松、切忌夯压，以保证有一定的透气性。

④ 堆料要有一定的湿度，含水量应在50%~70%即可。

⑤ 堆料内还应放些垫草等含有机质丰富的废弃污物等，以作为微生物活动产热的保证。

⑥ 堆肥时间必须足够，腐熟后方可肥田。

⑦ 生物热消毒可以杀灭粪便中大部分传染性病原，如口蹄疫病毒、布氏杆菌、猪瘟病毒、猪丹毒病毒等，对于炭疽、气肿疽病猪粪便没有效果，杀灭这些病原必须采取焚烧或有效的化学消毒剂消毒后深埋的办法。

⑧ 对于发酵法消毒的粪便的消毒效果除了用细菌学方法检测外，还可用测温法间接检测粪便消毒效果，简便易行。用装有金属套管的温度计，测量发酵粪便的温度，根据粪便在规定时间内达到的温度来判定消毒的效果。当粪便生物发热达到60~70℃时，经过1~2昼夜，可以将布氏杆菌、沙门氏菌及口蹄疫病毒致死；经过12h可使全部猪瘟病毒死亡；经过24h可使猪丹毒杆菌死亡。不同病原需要的致死温度与所需时间，见表5-2。

表5-2　不同病原需要的致死温度与所需时间

病　　原	致死温度/℃	作用时间
非芽胞态炭疽杆菌	50~55	60min
结核杆菌	60	60min

（续）

病原	致死温度/℃	作用时间
鼻疽杆菌	50～60	10min
布氏杆菌	65	120min
巴氏杆菌（猪肺疫）	抵抗力弱	—
马腺疫链球菌	70～75	60min
副伤寒菌	60	60min
猪丹毒杆菌	50	15h
猪丹毒杆菌	70	数秒钟
狂犬病病毒	50	60min
狂犬病病毒	52～68	30min
口蹄疫病毒	50～60	迅速
传染性马脑脊髓炎病毒	50	60min
猪瘟病毒	60	30min
寄生蠕虫和幼虫卵	50～60	1～3min（鞭虫卵60min）

十二 病死猪尸体消毒

猪的尸体含有较多的病原微生物，也容易分解腐败，散发恶臭，污染环境。猪场发生传染病时，病死猪的尸体，如果不进行妥善的无害化处理，其携带的病原就会污染大气、水源和土壤，造成疾病的传播与蔓延。必须及时进行严格消毒和无害化处理。主要处理方法有三种。

1. 焚烧

焚烧也是一种对猪尸体无害化处理的最常用的有效方法，消毒彻底，但产品就失去了再利用的价值。所以一般都是当猪发生一、二类传染病或是人畜共患的对人、畜危害严重的传染病时，对病死猪尸体进行焚烧。基本程序是：在事先选好的远离场区的适宜地点挖一个"十"字形沟，一般长约2.6m、宽约0.6m、深约0.5m（具体要根据病死猪尸体多少确定焚烧沟的大小），适度即可。在沟的底部放置木柴和干草做引火用，于"十"字沟交叉处铺上横木，在横木上面放上病死尸体，尸体四周再用木柴围上，然后洒上煤油，点燃焚烧，直到尸体被烧成黑炭为止。在生产实际中，还可以使用专门的焚烧炉（图5-29）焚烧，这样更便于全面无害化彻底处理，减少对周围环境的影响。

图5-29　小型动物尸体焚烧炉

2. 高温处理

将病死猪尸体放入特制的高温锅（温度达150℃）内或者是有盖的大铁锅内熬煮，彻底消毒。这种方法在生产实际中使用比较少，一般小猪场或是病死猪尸体不多时可采用。

3. 土埋

这是一种比较古老传统的病死猪尸体处理法，简便易行，但缺点是无害化过程缓慢，不彻底，某些病原微生物可能长期存在，且可能污染土壤和地下水，造成二次污染，不是一个理想的方法。在采取其他方法比较困难的情况下，远离居民生活区、放牧地区、水源地等的猪场，可使用这种办法无害化处理病死猪尸体。病死尸体比较多时，不要进行土埋。具体程序是：在远离猪场的地势较高的地方挖一个大小合适的坑，深度大于 2m，在坑的底部铺上一层 2~5cm 厚的石灰，尸体投入后，再撒上石灰或其他消毒药剂，最后用土覆盖封严，并在四周做好标记，最好设立栅栏。

4. 无害化处理

动物尸体无害化处理主要是利用专门的无害化处理设备对动物尸体及其废弃物进行分切、绞碎、发酵、杀菌、干燥五大步骤，在专用微生物菌的作用下，将动物尸体及其废弃物转化为无害的粉状有机原料，最终实现批量环保处理和循环经济，达到"源头减废，清除病原菌"的目的。

在处理病死猪尸体时，不论采用哪种方法，都必须将病猪的排泄物、各种废弃物等一并进行无害化处理，以免造成环境污染和疾病传播。

十三 猪场受疫病威胁及发病时的消毒（紧急和终末消毒）

某一区域或猪场发生传染病或受到传播威胁时，就要对这个疫源地进行严格消毒，这是养猪企业必须非常重视的很重要的消毒环节之一。虽然基本上都是按照上述程序进行消毒，但结合近来疫病发生流行和养猪场消毒防控工作的开展情况，有必要在这里进行专项综合介绍。

1. 做好消毒前的准备工作

1）消毒人员应尽快检查所需消毒工具、消毒剂和防护用品，做好一切准备工作，并迅速对场区和发病猪群实施消毒工作。

2）禁止无关人员进入消毒区域。

3）更换工作服（隔离服）、胶鞋，戴上口罩、帽子，必要时戴上防护眼镜。

4）丈量消毒面积或体积，配制消毒剂。

2. 消毒顺序及原则

1）消毒时，先消毒有关通道，然后再对发病猪舍进行消毒。消毒时应先上后下，先左后右，从里到外，按一定顺序进行。

2）消毒完毕后，及时将衣物脱下，将脏的一面卷在里面，连同胶鞋一起放入消毒液桶内，进行彻底消毒。

3. 消毒对象和方法的选择

（1）消毒对象　包括发病猪舍、隔离场地、病猪尸体、排泄物、分泌物及被病原体污染和可能被污染的一切场所、用具和物品等。消毒对象的选择，应根据所发生传染病的传播方式及病原体排出途径的不同而有所侧重，在实施消毒的过程中，应抓住重点，保证消毒的实际效果。如肠道传染病的消毒对象主要是病畜排出的粪便及被其污染的物品、场所等；呼吸道传染病则主要是消毒空气、分泌物及污染的物品等。

（2）消毒方法的选择　在水源丰富的地区养猪场，可采用消毒液喷洒的方式；缺水地区则应用粉剂消毒剂撒布。猪舍密闭性好时，可用熏蒸法；密闭性差时，可用消毒液喷洒。猪舍内有猪时，则应选择毒性及刺激性较小的消毒剂等。

4. 消毒剂的选择

消毒必须使用高效消毒剂，包括戊二醛，过氧乙酸，二溴海因，二氧化氯，和含氯消毒剂（漂白粉、次氯酸钙、二氯异氰尿酸纳、三氯异氰尿酸）等。

5. 消毒程序

1）排泄物和分泌物的消毒　患病猪只的排泄物（粪、尿、呕吐物等）和分泌物（脓汁、鼻液、唾液等）中含有大量的病原体及有机物，必须及时、彻底地进行消毒。消毒排泄物和分泌物时，常用其1倍量的10%～20%漂白粉乳剂或1/5量的漂白粉干粉与其作用2～6h，也可使用等量的0.5%～1%的过氧乙酸与其作用1h。

2）饲槽、水槽、饮水器等用具使用化学药物消毒时，宜选用含氯制剂或过氧乙酸。消毒时将其浸入1%～2%的漂白粉澄清液或0.5%的过氧乙酸中作用30～60min，或将其浸于1%～4%的氢氧化钠溶液中6～12h。消毒后应用清水将饲槽、水槽、饮水器等冲洗干净。对饲槽、水槽中剩余的饲料、饮水等也应进行消毒。

3）猪舍、运动场的消毒　密闭性能好的猪舍，可使用熏蒸法消毒；密闭性能差的猪舍及运动场所，可使用消毒液喷洒消毒。在消毒墙壁、地面时，必须保证所有地方都喷湿。在严重污染的地方应反复喷洒 2 ~ 3 次。

6. 常见传染病发病猪场内消毒方法（表5-3）

表5-3　常见传染病发病猪场内消毒方法

消毒对象	消毒程序方法	
	细菌性传染病	病毒性传染病
空舍（房间）空气	甲醛熏蒸，福尔马林液 25mL，作用 12h（加热法）；过氧乙酸熏蒸，用量为 1g/m³，20℃作用 1h；0.2% ~ 0.5% 的过氧乙酸或 3% 的来苏儿溶液喷雾，用量为 30mL/m³，作用 30 ~ 60min；红外线照射 0.06W/cm²	甲醛熏蒸（同细菌病）；2% 的过氧乙酸熏蒸，用量为 3g/m³，作用 90min（20℃），0.5% 的过氧乙酸或 5% 的漂白粉澄清液喷雾，作用 1 ~ 2h；乳酸熏蒸，0.1mg/m³ 加水 1~2 倍，作用 30~90min
粪尿、呕吐物等排泄污物	成形粪便加 2 倍量的 10% ~ 20% 漂白粉乳剂，作用 2 ~ 4h；对稀便，直接加粪便量 1/5 的漂白粉乳剂，作用 2 ~ 4h	成形粪便加 2 倍量的 10% ~ 20% 漂白粉乳剂，充分搅拌，作用 6h；对稀便，直接加粪便量 1/5 的漂白粉乳剂，作用 6h；尿液 100mL 加漂白粉 3g，充分搅匀，作用 2h
鼻涕、唾液、乳汁等污染物	加等量 10% 的漂白粉乳剂或 1/5 量干粉，作用 1h；加等量 0.5% 过氧乙酸，作用 30 ~ 60min；加等量 3% ~ 6% 来苏儿溶液，作用 1h	加等量的 10% ~ 20% 漂白粉乳剂或 1/5 量干粉，作用 2 ~ 4h；加等量的 0.5% ~ 1% 过氧乙酸，作用 30 ~ 60min

消毒对象	消毒程序方法	
	细菌性传染病	病毒性传染病
猪圈舍、场区及生产工具	污染草料与粪便集中焚烧；猪舍四壁用2%的漂白粉澄清液喷雾（200mL/m²），作用1～2h；猪舍及运动场地面，撒漂白粉粉剂20～40g/m²，作用2～4h，或1%～2%的氢氧化钠溶液，5%的来苏儿溶液喷洒（1000mL/m²），作用6～12h；甲醛熏蒸，福尔马林12.5～25mL/m³，作用12h（加热法）；0.2%～0.5%的过氧乙酸、3%的来苏儿溶液喷雾或擦拭，作用1～2h；2%	同细菌病的方法，但作用时间要长些，含量要大一些
饮饲用具	使用0.5%的过氧乙酸、1%～2%的漂白粉澄清液或0.5%的阳离子活性剂的其中一种消毒剂浸泡0.5～1h即可；1%～2%的苛性钠热溶液要浸泡6～12h	3%～5%的漂白粉澄清液浸泡约1h；0.5%的过氧乙酸浸泡0.5～1h；1%～2%的苛性钠热溶液浸泡6～12h
车辆	0.2%～0.3%的过氧乙酸或1%～2%的漂白粉澄清液，3%的来苏儿溶液或者是0.5%的阳离子活性剂溶液喷雾或擦拭，作用0.5～1h	0.5%～1%的过氧乙酸、5%～10%的漂白粉澄清液喷雾或擦拭，作用0.5～1h；2%～4%的苛性钠热溶液喷洒或擦拭，作用2～4h；5%的来苏儿溶液喷雾或擦拭，作用60～120min
穿戴用品等	高压蒸汽灭菌，121℃作用0.25～0.5h；煮沸15min（可加0.5%的肥皂水）；甲醛熏蒸，25mL/m³，作用12h；环氧乙烷熏蒸用量是1.5mg/L，作用120min；过氧乙酸熏蒸，1g/m³在20℃情况下，作用1h；2%的漂白粉澄清液或是0.3%的过氧乙酸或3%的来苏儿溶液浸泡0.5～1h；0.02%的碘伏浸泡10min	高压蒸汽灭菌，121℃作用0.5～1h；煮沸15～20min（可加0.5%的肥皂水）；甲醛熏蒸，25mL/m³，作用12h；环氧乙烷1.5mg/L，熏蒸120min；过氧乙酸熏蒸1g/m³ 1.5h；2%的漂白粉澄清液浸泡60～120min；0.3%的过氧乙酸浸泡0.5～1h；0.03%的碘伏浸泡15min

(续)

消 毒 对 象	消毒程序方法	
	细菌性传染病	病毒性传染病
人员防护消毒	0.02%的碘伏洗手2min，清水冲洗；0.2%的过氧乙酸泡手2min；消毒用酒精棉球擦手；0.1%的新洁尔灭金泡手5min	0.5%的过氧乙酸洗手，清水冲净；0.05%的碘伏泡手2min，清水冲净
诊疗用品	高压蒸汽灭菌，121℃作用0.5h；煮沸15min；0.2%～0.3%的过氧乙酸或1%～2%的漂白粉澄清液浸泡1h；0.01%的碘伏浸泡5min；用50mL/m³的甲醛熏蒸60min	高压蒸汽灭菌，121℃作用0.5h；煮沸0.5h；0.5%的过氧乙酸或5%的漂白粉澄清液浸泡1h；5%的来苏儿溶液浸泡60～120min；0.05%的碘伏浸泡10min
人员房间物品	福尔马林25mL/m³熏蒸12h或环氧乙烷1.5mg/L熏蒸120min	方法同细菌病

———第六章———
保障猪场消毒效果的必要方法

一 制订全面消毒计划，认真执行

针对猪场疫病发生和生产防疫情况，坚持预防为主的原则，以经常性消毒为重点，考虑到影响消毒效果的诸多因素，对各个环节提出周密的消毒办法，制定全场全面消毒计划，并严格执行。如果没有一个目标和责任明确的办法和计划，很容易使猪场的消毒流于形式，这一点非常重要，必须高度重视，不注意消毒工作，就可能造成猪场污染日趋严重，感染风险日益加重，甚至导致猪场多种疫病"缠身"，造成猪只死亡率持续攀升，一旦爆发疫病，猪场还可能毁于旦夕，损失巨大，教训惨痛。在一定程度上，消毒效果好坏、是否确实，直接关系到一个猪场在严峻的跌宕起伏的市场经济大潮中的成败。对于多年养猪者，尤其是新建投产的猪场，一开始就要打好基础，免遭疫病之苦。要树立和坚信"舍得小投入，获得大回报"的理念，认真制定一个长短期结合全面细致的消毒计划并坚持不辍落实。这一点非常重要。

整个猪场要制定一个包括日常消毒、定期消毒、终末消毒等方面的总的消毒计划，并针对猪场进出口、猪舍、办公区等环节制定出具体的消毒程序，主要内容包括消毒场所对象、消毒方法、消毒时间次数、消毒药种类、配比稀释方法、交替更换时间、消毒对象的清洁卫生及清洁剂和消毒剂的使用方法等。制定好计划后就要严格执行不得随意变更，甚至减少消毒环节。将消

毒计划落实到每一个饲养管理和兽医防疫人员，加强巡查监督，避免随意性和盲目性。通过采样送样或有条件自测等多种方式定期检测消毒效果，不理想的要及时补充消毒。

二 保持猪场日常清洁卫生

如同建立和保持人的环境卫生一样，保持猪场特别是猪舍的环境卫生，是预防传染病发生的最基础工作之一，也是关键环节，绝不能忽视。从更高层面讲，还是保障动物福利的要求。清洁卫生本身就是一种物理消毒方法，同时，还是做好化学消毒剂消毒、保证其效力的基本条件。猪舍内的粪便、料渣、蜘蛛网、污泥及墙面或地面和顶棚的污垢、尘埃等垃圾污物，必须定期清除干净，否则还会降低消毒剂的效力。

三 明确消毒剂在猪场消毒中的适用范围

消毒剂与抗生素和其他抗菌药物的主要区别是其没有明确的抗菌谱，它们对病原体及动物机体组织并无明显的选择性，即使在防腐消毒的浓度下，也会损害动物机体。猪场使用的消毒剂主要用于环境、猪舍、猪排泄物、用具和器械等非生物表面的消毒，亦可用于饮用水消毒。但不能给猪只饮饲服用作为全身用药治疗疾病。绝大部分的消毒剂只能使病原微生物的数量减少到公共卫生标准所允许的限量范围内，而不能达到完全灭菌。一般发生传染病时，用消毒剂对环境进行随时消毒和终末消毒；平时对环境进行预防性消毒。

四 注意消毒剂的配伍禁忌

1）季铵盐类消毒剂不能和阴离子型表面活性剂合用，例如肥皂及洗衣粉不能与碘、碘化钾、氯化汞、过氧化物同时使用。

2）过氧化物类消毒剂避免与强还原性物质接触，不宜与重金属、盐类及卤素类消毒剂接触。

3）酚类消毒剂避免与碱性物质混用，不宜与碘、溴、高锰酸钾、过氧化物等配伍。

4）碱类消毒剂避免与酸性物质混用，不宜与重金属、盐类及卤素类消毒剂接触。

五 处理好猪群免疫接种与消毒的关系

要处理好猪群免疫与消毒工作的关系，以避免其互相影响。消毒不可与疫苗免疫同时进行，消毒剂的某些成分可能会导致弱毒疫苗失效，特别是饮水消毒会对疫苗的效力产生影响，因此免疫接种时不可进行消毒。例如，在猪舍中进行带猪喷雾消毒，一般应与猪群的免疫（前后）间隔一天进行。动物机体的免疫功能在一定程度上受到神经、体液和内分泌的调节，消毒后，会使环境冷、热、湿度及通风等环境因素发生变化，猪群产生应激反应，导致猪对抗原（疫苗、菌苗）的免疫反应应答能力下降。一般安排先消毒后免疫。

六 尽力消除光照、温度与湿度对消毒的影响

（1）光照的影响 含氯消毒剂、碘类消毒剂、过氧化物类消毒剂遇日光照射会加速分解，因此在配制和使用时应避免光照。

（2）温度的影响

1）甲醛熏蒸消毒时应在20℃以上；氧化法消毒应在25℃以上，最好在50℃左右。

2）戊二醛在20～42℃范围内，其杀菌效果随着温度的升高而增强。季铵盐类、含氯和酚类消毒剂温度升高可增加杀菌作用，低温消毒应延长消毒时间或提高消毒剂浓度。

3）碘类、过氧化物类和加入稳定剂和乙醇的复合型消毒剂杀菌效果受温度影响不明显，可以在低温环境进行消毒。低温环境可使用过氧乙酸按每立方米空间1～3g，配成3%～5%的溶液（为了防冻，可在其中加入乙酸、乙二醇等有机溶剂）进行消毒。

（3）湿度的影响 一般熏蒸消毒时要求空气的相对湿度为60%以上才能达到消毒效果。进行喷雾消毒时也要求一定的环境

第六章 保障猪场消毒效果的必要方法

115

湿度，因此在干燥环境进行消毒时，为避免干燥促进消毒剂挥发而降低其作用维持时间和作用效果，应对消毒对象预先进行润湿。一般每立方米空间消毒剂喷雾使用的剂量应在 $300mL/m^3$ 左右，夏季或冬季雨雪天气空气湿度大于70%时需适当减少用量至 $150 \sim 200mL/m^3$。

七 饮水消毒应注意的问题

饮水消毒时任意加大水中消毒药物的含量或长期饮用消毒水，除可引起急性中毒外，还可杀死或抑制肠道内的正常菌群，影响饲料的消化吸收，对畜禽的健康造成危害，另外还会影响疫苗的防疫效果。饮水消毒应该是预防性的，而不是治疗性的，因而对待畜禽饮用消毒水要谨慎。

八 根据病原微生物的特性选择使用消毒剂

污染微生物的种类不同，对不同消毒剂的耐受性也不同。细菌芽胞和结核分枝杆菌必须用杀菌力强的灭菌剂或高效消毒剂处理，才能取得较好的效果。其他细菌繁殖体和病毒、螺旋体、支原体、衣原体、立克次氏体对一般消毒处理耐受力均不好。

1）结核杆菌的消毒：适宜选用醛类、含氯类和过氧化物类消毒剂。

2）无囊膜病毒的消毒：如猪圆环病毒和鸡贫血症病毒等，适宜选用醛类、含氯类、过氧化物类消毒剂和双链季铵盐消毒剂。

3）细菌芽胞的消毒：主要是炭疽芽胞杆菌，适宜选用醛类、含氯类、过氧化物类消毒剂和双链季铵盐消毒剂。

九 降低消毒药液表面张力

降低消毒药液表面张力能促进其与微生物接触，从而增强消毒效果。生产实际工作中，可选用表面张力低的溶剂，也可在消毒药液中加入适量的表面活性剂来降低其表面张力。但要注意搭配与消毒药液没有拮抗作用的表面活性剂。还可以通过提高温度来降低消毒药液的表面张力，提高消毒效力。

十 对消毒后的废水进行适当处理

特别是猪场大消毒时，冲洗消毒后的废水比较多，其中含有化学物质，不能随意排放到场区、下水道及场周围。一般大型规模养猪场应建立污水排水处理设施，对消毒等污水废水进行无害化处理。结合猪场防疫实际，应尽量少消毒。这也是当今发展生态健康养殖的需要和必然。

十一 做好消毒记录

养殖场必须编制消毒记录表，对每次进行的消毒操作过程进行详细的记录，记录信息应包括消毒日期、消毒场所、消毒剂商品名称、主要化学成分和有效浓度、原始浓度、配制浓度、批号、批次、配制剂量（单位为 mL、g/m^3 或 m^2）、消毒方式、当时温度和湿度、执行程序、消毒对象及配制人和操作人的签字。并将消毒记录保存 2 年以上。

十二 对消毒效果适时进行评价，及时调整消毒方法和用药

每个养殖场的饲养方式、环境条件、饲养规模均有所不同，为验证实施消毒的效果，可采用现场消毒效果检测技术对不同消毒剂和不同条件下的消毒效果进行检测，通过消毒剂对空气和物体表面自然菌的杀灭率和消亡率来选择有效的消毒剂和合理的消毒方式。

——第七章——
消毒剂现场消毒效果的检测

为了更好地了解猪场的污染状况，以便有针对性地对猪场各环节、物体、器具及某些区域进行确实有效的消毒，不留漏洞，应该对猪场进行微生物检测（平时就应进行）和消毒效果检查。消毒效果监测的主要位点是空气、物体表面（猪体表、围栏、猪舍墙壁、地面、水槽、料槽、顶棚等）；基本原则是要用同样的方法，在同一采样地点以相同的采样面积进行采样，然后比较消毒前后的菌落数，即可评价消毒效果。

一 常用消毒效果检测试剂和培养基及其制备

在对消毒效果进行监测时，要用到各种常规的消毒试验试剂和培养基，每次试验前应做好制备。在消毒试验中可根据猪场污染状况选择性制备和使用试验试剂和培养基。常用的试剂和培养基主要有以下几种。

1. 常用消毒试验试剂及其制备

（1）0.03mol/L 磷酸盐缓冲液 磷酸氢二钠 2.84g、磷酸二氢钾 1.36g、蒸馏水 1000mL，待药物完全溶解后，调 pH 至 7.2～7.4，121℃（15lb）15min 高压灭菌。

（2）1mol/L 盐酸溶液 一般 36% 比重为 1.19 的盐酸浓度为 12mol/L，取该盐酸 83mL，加蒸馏水至 1000mL 即可。

（3）1mol/L 氢氧化钠溶液 称取氢氧化钠 40g，加入少量蒸馏水中使其溶解，冷却后加蒸馏水至1000mL。

（4）2%蛋白胨保护液 称取蛋白胨20g，加入到1000mL 0.03mol/L磷酸盐缓冲液中，加热溶解，调pH至7.2~7.4，121℃（15lb）15min高压灭菌。

（5）20%硫代硫酸钠中和液 称取20g硫代硫酸钠，加入100mL0.03M磷酸盐缓冲液中，待药物溶解后，调pH至7.2~7.4，121℃（15lb）15min高压灭菌。高浓度硫代硫酸钠对细菌有毒性，故很少应用。

（6）0.5%硫代硫酸钠中和液 称取5g硫代硫酸钠加入100mL0.03M磷酸盐缓冲液中，待药物溶解后，调pH至7.2~7.4，121℃（15lb）15min高压灭菌。

（7）0.5%吐温80中和液 称取0.5g吐温80加入到100mL0.03M磷酸盐缓冲液中，加热溶解后，调pH至7.2~7.4，121℃（15lb）15min高压灭菌。吐温80对细菌无毒，可配制成3%的含量使用。

2. 常用消毒试验培养基及其制备

（1）营养肉汤 牛肉膏5g、蛋白胨10g、氯化钠5g、蒸馏水加至1000mL。混合后加热煮沸20min。用蒸馏水补足失去的水量，矫正pH至6.8，用薄层棉花过滤，每管分装10mL，121℃（15lb）灭菌20min。

（2）营养琼脂斜面 营养肉汤100mL，琼脂2g，将琼脂加热溶化于营养肉汤内，矫正pH为7.2~7.4，煮沸，过滤分装成斜面，121℃（15lb）20min高压灭菌。

（3）远藤培养基

〔成分〕氯化钠5g、牛肉膏3g、蛋白胨10g、乳糖10g、琼脂23g、蒸馏水1000mL。

〔方法〕将上述成分加入三角烧瓶内，放锅内隔水加热使其溶解。补足失水，调pH为7.4~7.6，115℃（10lb）20~30min高压灭菌。加入无菌5%复红酒精溶液1.6mL，摇匀。再加入无

菌10%亚硫酸钠溶液，摇匀。最后将培养基倾注平皿。该培养基要避光保存，因亚硫酸钠遇光易氧化；在消毒试验中该培养基主要用于大肠杆菌的分离计数（菌落呈红色）。

1）5%复红酒精溶液的配制：称取碱性红（品红）1g，加入95%酒精20mL，115℃（10lb）20～30min高压灭菌，可长期保存。

2）10%亚硫酸钠溶液的配制：称取亚硫酸钠0.5g，加入5mL蒸馏水中，115℃（10lb）20～30min高压灭菌，可长期保存。

（4）麦康凯培养基

［成分］蛋白胨17g、胰胰3g、猪胆盐（牛、羊亦可）5g、氯化钠5g、乳糖10g、琼脂17g、蒸馏水1000mL、0.5%中性红水溶液5mL、0.01%结晶紫水溶液10mL。

［方法］将蛋白胨、胰胰、胆酸盐、氯化钠加入蒸馏水中，调pH为7.2，加入琼脂，121℃（15lb）15min高压灭菌。取上述琼脂液100mL加入1g乳糖，加热融化冷至50℃，加入灭菌的0.01%结晶紫水溶液1mL，0.5%中性红水溶液0.5mL，摇匀后倾注平皿。若使用麦康凯琼脂粉按说明书配制即可。此培养基用于肠道菌的分离培养。

（5）伊红美蓝琼脂培养基

［成分］pH 7.6无糖琼脂100mL、乳糖1g、0.65%美蓝溶液1mL、2%伊红溶液2mL。

［方法］在无糖琼脂内加入乳糖，加热溶解，冷却至50℃，加入经高压灭菌的伊红美兰溶液，及时摇匀倾注平皿。此培养基用于肠道菌培养。

（6）葡萄糖血琼脂培养基　在营养琼脂培养基内加入10%～20%新鲜脱纤维血液（马、牛、羊、兔、人血均可）和1%～2%葡萄糖，溶解高压灭菌后，倾注平皿。

（7）葡萄糖肉汤培养基

［成分］葡萄糖2g、新蛋白胨（Neo-peptone）1g、蒸馏

水 100mL。

［方法］将葡萄糖和蛋白胨加入蒸馏水内，溶解后调 pH 为 6.1～6.3，115℃（10lb）20～30min 高压灭菌，倾注平皿。此培养基用于真菌培养。

（8）葡萄糖琼脂培养基

［成分］葡萄糖肉汤 100mL、琼脂 2g。

［方法］加热溶解后，调 pH 为 6.1～6.3，115℃（10lb）20～30min 高压灭菌，倾注平皿。此培养基用于真菌培养。

（9）乳胆盐发酵管

［成分］蛋白胨 20g、猪胆盐（牛、羊均可）5g、乳糖 10g、1.6% 水溴甲酚紫酒精液 0.6mL、蒸馏水 1000mL。

［方法］将蛋白胨、猪胆盐及乳糖溶于蒸馏水中调整 pH 至 7.4，加入指示剂，分装试管（5mL 试管中倒放一个导管），115℃（10lb）15min 高压灭菌。此培养基用于大肠菌群鉴别培养。

（10）乳糖复发酵管

［成分］蛋白胨 1.0g、氯化钠 1.5g、乳糖 25g、磷酸二氢钠（含 12H_2O）、蒸馏水 500mL、0.2% 溴麝香草酚蓝溶液 6mL。

［方法］除乳糖外，其他成分均溶解于 250mL 蒸馏水中，调节 pH 为 7.4 后将乳糖加入另外的 250mL 蒸馏水中，分别高压灭菌［前者 121℃（15lb）15min，后者 115℃（10lb）15min］。将两者在灭菌试管内混合均匀，在无菌操作下分装于含有导管的中试管内，每管 5～10mL。此培养基用于大肠菌群鉴别培养。

二 现场采样技术

对猪舍空气和物体表面（墙壁、地面、围栏、门窗、水槽、料槽等）和工作人员的手进行采样，各部位采样方法和所用材料基本是相同的。消毒前是检查污染程度（监测），消毒后是检查消毒效果。

1. 空气采样

（1）试验设备与器材（图 7-1） 空气微生物采样装置有，空气撞击式采样器；环境监测器材如温度计和湿度计；普通营养琼脂培养基。消毒剂杀菌试验时，尚需在其中加入相应的中和剂。

图 7-1 消毒效果监测采样所用主要器材

（2）点位设计 畜舍面积小于等于 30m²，设内、中、外对角线 3 点，内、外点布点部位距墙壁 1m 处；畜舍面积大于 30m²，设 4 角及中央 5 点，4 角的布点部位距墙壁 1m 处。畜舍面积每增加 10m²，增设 1 个点位。

例如，畜舍面积 > 30m²，布点位置，见图 7-2。

（3）采样方法

1）采样器采样方法。用空气撞击式采样器采样，采样时，将空气撞击式采样器放在设定点位 1m 高处（采样方法按采样器使用说明书进行），对空气进行自然菌采样。使用普通营养琼脂平板（直径为 90mm）。

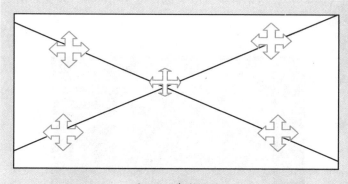

图 7-2 布点位置

2）空气沉降法采样。在空气消毒后和操作前，用空气采样器或使用之前制备好的普通琼脂培养基、麦康凯培养基等进行空气沉降法采样（图 7-3）。空气沉降法采样简便且经济，但不能精确定量。采样方法为：室内面积 $\leq 30m^2$，设内、中、外对角线 3 点，内、外布点部位距离墙 1m 处；室内面积 $> 30m^2$，设 4 角及中央 5 点，4 角的布点部位距离墙 1m 处。将直径 9cm 的普通营养琼脂平板放在各采样点 5min 后送检。

图 7-3 猪舍空气消毒前普通琼脂和麦康凯培养基暴露采样

（4）**做好记录** 按照现场采样记录表逐项填写。

（5）**注意事项** 消毒前、后及不同次数间的环境条件亦应尽量保持一致；注意记录试验过程中的温度和相对湿度，以便分析对比（图7-4）；所采样本应尽快进行微生物检验，以免影响结果的准确性。

图7-4　采样前后测定采样地点温湿度

2. 物体和环境表面采样

（1）设备与器材

1）5cm×5cm的标准不锈钢灭菌规格板。

2）无菌棉拭子。

3）5mL含相应中和剂的无菌洗脱液（磷酸盐缓冲液，简称PBS，0.03mol/L，pH 7.2）试管。

4）酒精灯。

5）环境监测器材，如温度计，湿度计。

（2）点位设计　在使用现场，按说明书介绍的用量、作用时间、使用频率和消毒方法消毒物体表面，检测样本数应大于等于30份。

（3）采样方法（图7-5～图7-10）　用5cm×5cm的标准灭菌规格板，放在被检物体表面，用浸有含相应中和剂无菌洗脱液的棉拭子对一区块涂抹采样，横竖往返各8次。采样后，以无菌操作方式将棉拭子采样端剪入原稀释液试管内，振荡 20s 或振打 80 次，立即送检（图 7-11、图 7-12）。不规则物体表面用棉拭子直接涂擦采样。

图 7-5　采样前用酒精灯火焰消毒采样规格板

图 7-6　采样前将棉签蘸入适量生理盐水

图 7-7　用蘸有中和液的棉签在猪舍墙壁上采样

图 7-8　在猪舍地面上采样

（4）做好记录　按照现场采样记录表逐项填写。

（5）注意事项

1）试验操作必须采取严格的无菌技术。

2）消毒前后采样（阳性对照组和消毒试验组），不得在同一区块内进行。

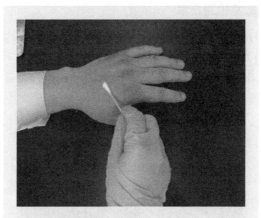

图7-9 在工作人员手上采样

图7-10 将采样棉签放入装有中和液的试管中

3）棉拭子涂抹采样较难标准化，为此应尽量使棉拭子的大小、用力的均匀程度、吸取采样液的量、洗菌时敲打的轻重等先后一致。

4）现场样本必须及时检测。室温存放不得超过2h，否则应置于4℃冰箱内，但也不得超过4h。

三 实验室检测技术

对消毒前后采集的样本培养基平板（平板暴露法采样）、生理盐水试管混悬液（装有采样面签）进行实验室和取样培养（图7-11～图7-16），检测微生物生长情况，检验消毒效果。

图7-11　在超净工作台中将装有采样棉签的试管中混悬液移入培养基

图7-12　严格无菌操作（打开样品试管前消毒）

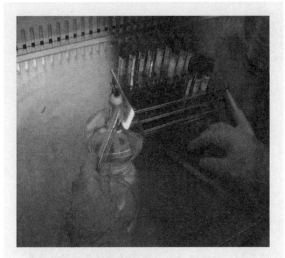

图 7-13　严格无菌操作（取样前试管口消毒）

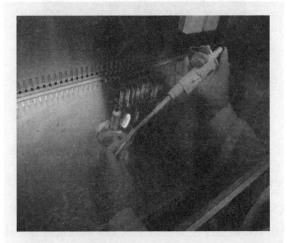

图 7-14　吸取样品

图 7-15　放入恒温箱中培养（采样及接种培养基）

图 7-16　接种检测样品的培养基

1. 实验室的基本要求

试验在 100 级洁净度的实验室或 100 级层流操作柜中进行。

（1）无菌操作的基本要求

1）试验开始前，应以湿式方法清洁台面和打扫室内地面，然后以紫外线或其他方法对实验室内空气进行消毒。

2）试验人员应穿戴工作服、口罩、帽子；进行无菌检验时，需经风淋后进入实验室，然后，正确穿戴好无菌隔离衣、帽和口罩。

3）每吸取一次不同样液应更换无菌吸管或吸头。

4）要求无菌的试剂，如蒸馏水、生理盐水、磷酸盐缓冲液、培养基、中和剂等，均需灭菌或过滤除菌。

5）无菌器材和试剂，使用前须检查容器或包装是否完整，有破损者不得使用。

6）正在使用的无菌器材和试剂不得长时间暴露于空气中。

7）移液或接种时，应将试管口和琼脂平板靠近火焰，防止污染。

8）所有用过的污染器材，应立即放入盛有消毒液的容器中，以防止对周围环境和清洁物品造成污染。

9）若不慎发生微生物培养物摔碎或其他试验微生物泄漏事故时，不论是否具有致病性，均应立即对污染及可能波及的区域进行消毒处理。

10）全部试验结束后，应按常规对室内空气和环境表面进行消毒处理。

（2）空气消毒效果 鉴定试验检测消毒剂或消毒器械对空气中细菌的杀灭和清除作用，以验证其对空气的消毒效果。其他方法对空气的消毒效果，亦可参照本试验的有关原则进行。将采样后的培养皿置于37℃培养48h后进行菌落计数。

在完成试验样本接种后，应将未用的同批培养基、采样液和PBS等（各取1～2份），与上述两组样本同时进行培养或接种后培养，作为阴性对照。若阴性对照组有菌生长，说明所用培养基或试剂有污染，试验无效，则需更换无菌器材重新进行。

1）平板沉降法菌落计数。

方法一：奥梅良斯基公式（奥氏公式），即5min内在100cm^{2}面积上降落的细菌数（相当于10L空气所含的细菌量）。

$$Y = \frac{50000N}{AT}$$

式中 　Y——空气中菌落总数，单位 CFU/m^3；

　　　　T——平皿暴露于空气中的时间，单位为 min；

　　　　N——平皿平均菌落数，单位 CFU；

　　　　A——所用平皿的面积，单位为 cm^2。

方法二：平均每皿菌落数。

　　　　平均每皿菌落数 = 菌落数/平皿 × 暴露时间

2）空气采样法计算菌落总数。

$$空气细菌总数 = \frac{采样器各平皿菌落总和}{采样速率 \times 采样时间} \times 1000$$

3）除菌率。

$$除菌率（\%） = \frac{消毒前空气细菌总数 - 消毒后空气细菌总数}{消毒前空气细菌总数} \times 100\%$$

4）注意事项。严格无菌操作，防止污染。认真检查试验器材有无破损（要特别注意平皿底部的裂痕和破洞），以防丢失样本和污染环境。样品接种时琼脂培养基温度不得超过 45℃，以防损伤细菌或真菌。倾注和摇动时，动作应尽量平稳，以利于细菌分散均匀，便于计数菌落。勿使培养基外溢，以免影响结果的准确性和造成环境的污染。

（3）物体表面消毒效果鉴定试验

1）设备与器材。磷酸盐缓冲液（0.03mol/L，pH 7.2）、中和剂、普通营养琼脂培养基、90mm 灭菌平皿、移液器、灭菌移液吸头、灭菌试管。

2）接种及培养。

【方法一】倾注法接种。

充分振荡采样管后，根据物体的污染程度进行稀释，选取不同稀释倍数的洗脱液 1mL 接种平皿，将冷却至 40 ~ 45℃的熔化营养琼脂培养基每皿倾注 15 ~ 20mL，（36 ± 1）℃恒温箱培养 48h，计数菌落数。开展致病菌检测。

【方法二】涂抹法。

将采样样品充分振荡或在混匀器上混匀30s，取100μL接种培养基，均匀涂布（图7-17），（36±1）℃恒温箱培养48h，计数菌落数。

图7-17　把样品在培养基上涂抹均匀

3）对照试验。在完成试验样本接种后，应将未用的同批培养基、采样液和PBS等（各取1~2份），与上述两组样本同时进行培养或接种后培养，作为阴性对照。若阴性对照组有菌生长，说明所用培养基或试剂有污染，试验无效，需更换无菌器材重新进行。

4）菌落计数及计算消亡率。

$$物体表面菌落总数 = \frac{平均每皿菌落数 \times 稀释倍数}{采样面积}$$

计数菌落时，肉眼观察或使用菌落计数仪（图7-18 ~ 图7-20），以菌落数在15 ~ 300CFU的平板为准，每个稀释度的 n 个平板生长菌落数全符合上述标准，则以该 n 个平板菌落平均值作为结果；若有 $n-x$ 个符合上述标准，则以该合格的平板菌落

的平均值为结果。将求得的平均菌落值，再乘以稀释倍数，即得到每毫升原样液中的菌量。以菌量单位为 CFU，计算消亡率。

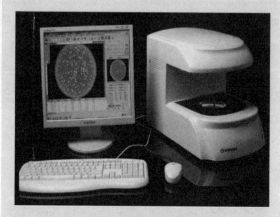

图 7-18　全自动菌落计数仪

图 7-19　半自动菌落计数仪

图 7-20　手动菌落计数仪

$$消亡率 = \frac{消毒前样本平均菌数 - 消毒后样本平均菌数}{消毒前样本平均菌数} \times 100\%$$

5) 注意事项。

① 严格无菌操作，防止污染。

② 认真检查试验器材有无破损（要特别注意试管底部的裂痕和破洞），以防丢失样本和污染环境。

③ 注意菌液的均匀分散。

④ 稀释或取液时要准确，尽量减少吸管使用中产生的误差。

⑤ 每吸取一个稀释度样液，必须更换一支吸管，以减少误差。

⑥ 样品接种平皿后尽快使接种液均匀分布于平皿表面。

⑦ 为提高试验成功率，最好先用浊度计对原菌液含菌量做出估计，尽可能在首次试验时所取的有限稀释范围内（2～3 个稀释度）即有长菌在 15～300CFU 之间的平板。

⑧ 计算结果时，必须明确稀释倍数，以免计算错误。

⑨ 现场样本须及时检测。

⑩ 室温存放不得超过 2h，否则应置于 4℃ 冰箱内，但也不得超过 4h。

⑪ 对估计菌量极少的样本（如消毒处理后样本），在培养计数时可不作稀释，即使平板菌落数未达到 15CFU 时，也可用其计算最终结果。如图 7-21 显示了猪舍地面、墙壁、饲养员手、进场车辆轮胎消毒前后菌落生长情况对比。

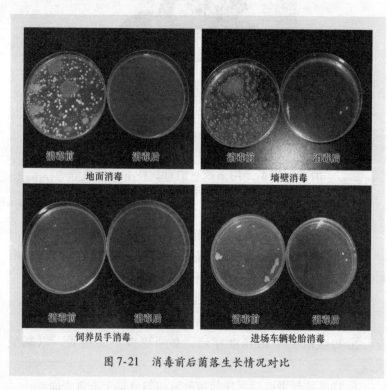

图 7-21　消毒前后菌落生长情况对比

附　　录

附录 A　中华人民共和国动物防疫法

（1997 年 7 月 3 日第八届全国人民代表大会常务委员会第二十六次会议通过 2007 年 8 月 30 日第十届全国人民代表大会常务委员会第二十九次会议修订　根据 2013 年 6 月 29 日第十二届全国人民代表大会常务委员会第三次会议《关于修改〈中华人民共和国文物保护法〉等十二部法律的决定》修正）。

目　　录

第一章　总则

第二章　动物疫病的预防

第三章　动物疫情的报告、通报和公布

第四章　动物疫病的控制和扑灭

第五章　动物和动物产品的检疫

第六章　动物诊疗

第七章　监督管理

第八章　保障措施

第九章　法律责任

第十章　附则

第一章　总　　则

第一条　为了加强对动物防疫活动的管理，预防、控制和扑灭动物疫病，促进养殖业发展，保护人体健康，维护公共卫生安全，制定本法。

第二条　本法适用于在中华人民共和国领域内的动物防疫及其监督管理活动。

进出境动物、动物产品的检疫，适用《中华人民共和国进出境动植物检疫法》。

第三条　本法所称动物，是指家畜家禽和人工饲养、合法捕获的其他动物。

本法所称动物产品，是指动物的肉、生皮、原毛、绒、脏器、脂、血液、精液、卵、胚胎、骨、蹄、头、角、筋以及可能传播动物疫病的奶、蛋等。

本法所称动物疫病，是指动物传染病、寄生虫病。

本法所称动物防疫，是指动物疫病的预防、控制、扑灭和动物、动物产品的检疫。

第四条　根据动物疫病对养殖业生产和人体健康的危害程度，本法规定管理的动物疫病分为下列三类：

（一）一类疫病，是指对人与动物危害严重，需要采取紧急、严厉的强制预防、控制、扑灭等措施的；

（二）二类疫病，是指可能造成重大经济损失，需要采取严格控制、扑灭等措施，防止扩散的；

（三）三类疫病，是指常见多发、可能造成重大经济损失，需要控制和净化的。

前款一、二、三类动物疫病具体病种名录由国务院兽医主管部门制定并公布。

第五条　国家对动物疫病实行预防为主的方针。

第六条　县级以上人民政府应当加强对动物防疫工作的统一领导，加强基层动物防疫队伍建设，建立健全动物防疫体系，制定并组织实施动物疫病防治规划。

乡级人民政府、城市街道办事处应当组织群众协助做好本管辖区域内的动物疫病预防与控制工作。

第七条　国务院兽医主管部门主管全国的动物防疫工作。

县级以上地方人民政府兽医主管部门主管本行政区域内的动物防疫工作。

县级以上人民政府其他部门在各自的职责范围内做好动物防疫工作。

军队和武装警察部队动物卫生监督职能部门分别负责军队和武装警察部队现役动物及饲养自用动物的防疫工作。

第八条　县级以上地方人民政府设立的动物卫生监督机构依照本法规定，负责动物、动物产品的检疫工作和其他有关动物防疫的监督管理执法工作。

第九条　县级以上人民政府按照国务院的规定，根据统筹规划、合理布局、综合设置的原则建立动物疫病预防控制机构，承担动物疫病的监测、检测、诊断、流行病学调查、疫情报告以及其他预防、控制等技术工作。

第十条　国家支持和鼓励开展动物疫病的科学研究以及国际合作与交流，推广先进适用的科学研究成果，普及动物防疫科学知识，提高动物疫病防治的科学技术水平。

第十一条　对在动物防疫工作、动物防疫科学研究中做出成绩和贡献的单位和个人，各级人民政府及有关部门给予奖励。

第二章　动物疫病的预防

第十二条　国务院兽医主管部门对动物疫病状况进行风险评估，根据评估结果制定相应的动物疫病预防、控制措施。

国务院兽医主管部门根据国内外动物疫情和保护养殖业生产及人体健康的需要，及时制定并公布动物疫病预防、控制技术规范。

第十三条　国家对严重危害养殖业生产和人体健康的动物疫病实施强制免疫。国务院兽医主管部门确定强制免疫的动物疫病病种和区域，并会同国务院有关部门制定国家动物疫病强制免疫计划。

省、自治区、直辖市人民政府兽医主管部门根据国家动物疫病强制免疫计划，制订本行政区域的强制免疫计划；并可以根据本行政区域内动物疫病流行情况增加实施强制免疫的动物疫病病

种和区域，报本级人民政府批准后执行，并报国务院兽医主管部门备案。

第十四条　县级以上地方人民政府兽医主管部门组织实施动物疫病强制免疫计划。乡级人民政府、城市街道办事处应当组织本管辖区域内饲养动物的单位和个人做好强制免疫工作。

饲养动物的单位和个人应当依法履行动物疫病强制免疫义务，按照兽医主管部门的要求做好强制免疫工作。

经强制免疫的动物，应当按照国务院兽医主管部门的规定建立免疫档案，加施畜禽标识，实施可追溯管理。

第十五条　县级以上人民政府应当建立健全动物疫情监测网络，加强动物疫情监测。

国务院兽医主管部门应当制定国家动物疫病监测计划。省、自治区、直辖市人民政府兽医主管部门应当根据国家动物疫病监测计划，制定本行政区域的动物疫病监测计划。

动物疫病预防控制机构应当按照国务院兽医主管部门的规定，对动物疫病的发生、流行等情况进行监测；从事动物饲养、屠宰、经营、隔离、运输以及动物产品生产、经营、加工、贮藏等活动的单位和个人不得拒绝或者阻碍。

第十六条　国务院兽医主管部门和省、自治区、直辖市人民政府兽医主管部门应当根据对动物疫病发生、流行趋势的预测，及时发出动物疫情预警。地方各级人民政府接到动物疫情预警后，应当采取相应的预防、控制措施。

第十七条　从事动物饲养、屠宰、经营、隔离、运输以及动物产品生产、经营、加工、贮藏等活动的单位和个人，应当依照本法和国务院兽医主管部门的规定，做好免疫、消毒等动物疫病预防工作。

第十八条　种用、乳用动物和宠物应当符合国务院兽医主管部门规定的健康标准。

种用、乳用动物应当接受动物疫病预防控制机构的定期检测；检测不合格的，应当按照国务院兽医主管部门的规定予以处理。

第十九条　动物饲养场（养殖小区）和隔离场所，动物屠宰加工场所，以及动物和动物产品无害化处理场所，应当符合下列动物防疫条件：

（一）场所的位置与居民生活区、生活饮用水源地、学校、医院等公共场所的距离符合国务院兽医主管部门规定的标准；

（二）生产区封闭隔离，工程设计和工艺流程符合动物防疫要求；

（三）有相应的污水、污物、病死动物、染疫动物产品的无害化处理设施设备和清洗消毒设施设备；

（四）有为其服务的动物防疫技术人员；

（五）有完善的动物防疫制度；

（六）具备国务院兽医主管部门规定的其他动物防疫条件。

第二十条　兴办动物饲养场（养殖小区）和隔离场所，动物屠宰加工场所，以及动物和动物产品无害化处理场所，应当向县级以上地方人民政府兽医主管部门提出申请，并附具相关材料。受理申请的兽医主管部门应当依照本法和《中华人民共和国行政许可法》的规定进行审查。经审查合格的，发给动物防疫条件合格证；不合格的，应当通知申请人并说明理由。需要办理工商登记的，申请人凭动物防疫条件合格证向工商行政管理部门申请办理登记注册手续。

动物防疫条件合格证应当载明申请人的名称、场（厂）址等事项。

经营动物、动物产品的集贸市场应当具备国务院兽医主管部门规定的动物防疫条件，并接受动物卫生监督机构的监督检查。

第二十一条　动物、动物产品的运载工具、垫料、包装物、容器等应当符合国务院兽医主管部门规定的动物防疫要求。

染疫动物及其排泄物、染疫动物产品，病死或者死因不明的动物尸体，运载工具中的动物排泄物以及垫料、包装物、容器等污染物，应当按照国务院兽医主管部门的规定处理，不得随意处置。

第二十二条　采集、保存、运输动物病料或者病原微生物以及从事病原微生物研究、教学、检测、诊断等活动，应当遵守国家有关病原微生物实验室管理的规定。

第二十三条　患有人畜共患传染病的人员不得直接从事动物诊疗以及易感染动物的饲养、屠宰、经营、隔离、运输等活动。

人畜共患传染病名录由国务院兽医主管部门会同国务院卫生主管部门制定并公布。

第二十四条　国家对动物疫病实行区域化管理，逐步建立无规定动物疫病区。无规定动物疫病区应当符合国务院兽医主管部门规定的标准，经国务院兽医主管部门验收合格予以公布。

本法所称无规定动物疫病区，是指具有天然屏障或者采取人工措施，在一定期限内没有发生规定的一种或者几种动物疫病，并经验收合格的区域。

第二十五条　禁止屠宰、经营、运输下列动物和生产、经营、加工、贮藏、运输下列动物产品：

（一）封锁疫区内与所发生动物疫病有关的；

（二）疫区内易感染的；

（三）依法应当检疫而未经检疫或者检疫不合格的；

（四）染疫或者疑似染疫的；

（五）病死或者死因不明的；

（六）其他不符合国务院兽医主管部门有关动物防疫规定的。

第三章　动物疫情的报告、通报和公布

第二十六条　从事动物疫情监测、检验检疫、疫病研究与诊疗以及动物饲养、屠宰、经营、隔离、运输等活动的单位和个人，发现动物染疫或者疑似染疫的，应当立即向当地兽医主管部门、动物卫生监督机构或者动物疫病预防控制机构报告，并采取

隔离等控制措施，防止动物疫情扩散。其他单位和个人发现动物染疫或者疑似染疫的，应当及时报告。

接到动物疫情报告的单位，应当及时采取必要的控制处理措施，并按照国家规定的程序上报。

第二十七条 动物疫情由县级以上人民政府兽医主管部门认定；其中重大动物疫情由省、自治区、直辖市人民政府兽医主管部门认定，必要时报国务院兽医主管部门认定。

第二十八条 国务院兽医主管部门应当及时向国务院有关部门和军队有关部门以及省、自治区、直辖市人民政府兽医主管部门通报重大动物疫情的发生和处理情况；发生人畜共患传染病的，县级以上人民政府兽医主管部门与同级卫生主管部门应当及时相互通报。

国务院兽医主管部门应当依照我国缔结或者参加的条约、协定，及时向有关国际组织或者贸易方通报重大动物疫情的发生和处理情况。

第二十九条 国务院兽医主管部门负责向社会及时公布全国动物疫情，也可以根据需要授权省、自治区、直辖市人民政府兽医主管部门公布本行政区域内的动物疫情。其他单位和个人不得发布动物疫情。

第三十条 任何单位和个人不得瞒报、谎报、迟报、漏报动物疫情，不得授意他人瞒报、谎报、迟报动物疫情，不得阻碍他人报告动物疫情。

第四章 动物疫病的控制和扑灭

第三十一条 发生一类动物疫病时，应当采取下列控制和扑灭措施：

（一）当地县级以上地方人民政府兽医主管部门应当立即派人到现场，划定疫点、疫区、受威胁区，调查疫源，及时报请本级人民政府对疫区实行封锁。疫区范围涉及两个以上行政区域的，由有关行政区域共同的上一级人民政府对疫区实行封锁，或

者由各有关行政区域的上一级人民政府共同对疫区实行封锁。必要时，上级人民政府可以责成下级人民政府对疫区实行封锁。

（二）县级以上地方人民政府应当立即组织有关部门和单位采取封锁、隔离、扑杀、销毁、消毒、无害化处理、紧急免疫接种等强制性措施，迅速扑灭疫病。

（三）在封锁期间，禁止染疫、疑似染疫和易感染的动物、动物产品流出疫区，禁止非疫区的易感染动物进入疫区，并根据扑灭动物疫病的需要对出入疫区的人员、运输工具及有关物品采取消毒和其他限制性措施。

第三十二条　发生二类动物疫病时，应当采取下列控制和扑灭措施：

（一）当地县级以上地方人民政府兽医主管部门应当划定疫点、疫区、受威胁区。

（二）县级以上地方人民政府根据需要组织有关部门和单位采取隔离、扑杀、销毁、消毒、无害化处理、紧急免疫接种、限制易感染的动物和动物产品及有关物品出入等控制、扑灭措施。

第三十三条　疫点、疫区、受威胁区的撤销和疫区封锁的解除，按照国务院兽医主管部门规定的标准和程序评估后，由原决定机关决定并宣布。

第三十四条　发生三类动物疫病时，当地县级、乡级人民政府应当按照国务院兽医主管部门的规定组织防治和净化。

第三十五条　二、三类动物疫病呈暴发性流行时，按照一类动物疫病处理。

第三十六条　为控制、扑灭动物疫病，动物卫生监督机构应当派人在当地依法设立的现有检查站执行监督检查任务；必要时，经省、自治区、直辖市人民政府批准，可以设立临时性的动物卫生监督检查站，执行监督检查任务。

第三十七条　发生人畜共患传染病时，卫生主管部门应当组织对疫区易感染的人群进行监测，并采取相应的预防、控制措施。

第三十八条　疫区内有关单位和个人，应当遵守县级以上人民政府及其兽医主管部门依法作出的有关控制、扑灭动物疫病的规定。

任何单位和个人不得藏匿、转移、盗掘已被依法隔离、封存、处理的动物和动物产品。

第三十九条　发生动物疫情时，航空、铁路、公路、水路等运输部门应当优先组织运送控制、扑灭疫病的人员和有关物资。

第四十条　一、二、三类动物疫病突然发生，迅速传播，给养殖业生产安全造成严重威胁、危害，以及可能对公众身体健康与生命安全造成危害，构成重大动物疫情的，依照法律和国务院的规定采取应急处理措施。

第五章　动物和动物产品的检疫

第四十一条　动物卫生监督机构依照本法和国务院兽医主管部门的规定对动物、动物产品实施检疫。

动物卫生监督机构的官方兽医具体实施动物、动物产品检疫。官方兽医应当具备规定的资格条件，取得国务院兽医主管部门颁发的资格证书，具体办法由国务院兽医主管部门会同国务院人事行政部门制定。

本法所称官方兽医，是指具备规定的资格条件并经兽医主管部门任命的，负责出具检疫等证明的国家兽医工作人员。

第四十二条　屠宰、出售或者运输动物以及出售或者运输动物产品前，货主应当按照国务院兽医主管部门的规定向当地动物卫生监督机构申报检疫。

动物卫生监督机构接到检疫申报后，应当及时指派官方兽医对动物、动物产品实施现场检疫；检疫合格的，出具检疫证明、加施检疫标志。实施现场检疫的官方兽医应当在检疫证明、检疫标志上签字或者盖章，并对检疫结论负责。

第四十三条 屠宰、经营、运输以及参加展览、演出和比赛的动物，应当附有检疫证明；经营和运输的动物产品，应当附有检疫证明、检疫标志。

对前款规定的动物、动物产品，动物卫生监督机构可以查验检疫证明、检疫标志，进行监督抽查，但不得重复检疫收费。

第四十四条 经铁路、公路、水路、航空运输动物和动物产品的，托运人托运时应当提供检疫证明；没有检疫证明的，承运人不得承运。

运载工具在装载前和卸载后应当及时清洗、消毒。

第四十五条 输入到无规定动物疫病区的动物、动物产品，货主应当按照国务院兽医主管部门的规定向无规定动物疫病区所在地动物卫生监督机构申报检疫，经检疫合格的，方可进入；检疫所需费用纳入无规定动物疫病区所在地地方人民政府财政预算。

第四十六条 跨省、自治区、直辖市引进乳用动物、种用动物及其精液、胚胎、种蛋的，应当向输入地省、自治区、直辖市动物卫生监督机构申请办理审批手续，并依照本法第四十二条的规定取得检疫证明。

跨省、自治区、直辖市引进的乳用动物、种用动物到达输入地后，货主应当按照国务院兽医主管部门的规定对引进的乳用动物、种用动物进行隔离观察。

第四十七条 人工捕获的可能传播动物疫病的野生动物，应当报经捕获地动物卫生监督机构检疫，经检疫合格的，方可饲养、经营和运输。

第四十八条 经检疫不合格的动物、动物产品，货主应当在动物卫生监督机构监督下按照国务院兽医主管部门的规定处理，处理费用由货主承担。

第四十九条 依法进行检疫需要收取费用的，其项目和标准由国务院财政部门、物价主管部门规定。

第六章　动 物 诊 疗

第五十条　从事动物诊疗活动的机构，应当具备下列条件：

（一）有与动物诊疗活动相适应并符合动物防疫条件的场所；

（二）有与动物诊疗活动相适应的执业兽医；

（三）有与动物诊疗活动相适应的兽医器械和设备；

（四）有完善的管理制度。

第五十一条　设立从事动物诊疗活动的机构，应当向县级以上地方人民政府兽医主管部门申请动物诊疗许可证。受理申请的兽医主管部门应当依照本法和《中华人民共和国行政许可法》的规定进行审查。经审查合格的，发给动物诊疗许可证；不合格的，应当通知申请人并说明理由。申请人凭动物诊疗许可证向工商行政管理部门申请办理登记注册手续，取得营业执照后，方可从事动物诊疗活动。

第五十二条　动物诊疗许可证应当载明诊疗机构名称、诊疗活动范围、从业地点和法定代表人（负责人）等事项。

动物诊疗许可证载明事项变更的，应当申请变更或者换发动物诊疗许可证，并依法办理工商变更登记手续。

第五十三条　动物诊疗机构应当按照国务院兽医主管部门的规定，做好诊疗活动中的卫生安全防护、消毒、隔离和诊疗废弃物处置等工作。

第五十四条　国家实行执业兽医资格考试制度。具有兽医相关专业大学专科以上学历的，可以申请参加执业兽医资格考试；考试合格的，由省、自治区、直辖市人民政府兽医主管部门颁发执业兽医资格证书；从事动物诊疗的，还应当向当地县级人民政府兽医主管部门申请注册。执业兽医资格考试和注册办法由国务院兽医主管部门商国务院人事行政部门制定。

本法所称执业兽医，是指从事动物诊疗和动物保健等经营活动的兽医。

第五十五条　经注册的执业兽医，方可从事动物诊疗、开具

兽药处方等活动。但是，本法第五十七条对乡村兽医服务人员另有规定的，从其规定。

执业兽医、乡村兽医服务人员应当按照当地人民政府或者兽医主管部门的要求，参加预防、控制和扑灭动物疫病的活动。

第五十六条　从事动物诊疗活动，应当遵守有关动物诊疗的操作技术规范，使用符合国家规定的兽药和兽医器械。

第五十七条　乡村兽医服务人员可以在乡村从事动物诊疗服务活动，具体管理办法由国务院兽医主管部门制定。

第七章　监督管理

第五十八条　动物卫生监督机构依照本法规定，对动物饲养、屠宰、经营、隔离、运输以及动物产品生产、经营、加工、贮藏、运输等活动中的动物防疫实施监督管理。

第五十九条　动物卫生监督机构执行监督检查任务，可以采取下列措施，有关单位和个人不得拒绝或者阻碍：

（一）对动物、动物产品按照规定采样、留验、抽检；

（二）对染疫或者疑似染疫的动物、动物产品及相关物品进行隔离、查封、扣押和处理；

（三）对依法应当检疫而未经检疫的动物实施补检；

（四）对依法应当检疫而未经检疫的动物产品，具备补检条件的实施补检，不具备补检条件的予以没收销毁；

（五）查验检疫证明、检疫标志和畜禽标识；

（六）进入有关场所调查取证，查阅、复制与动物防疫有关的资料。

动物卫生监督机构根据动物疫病预防、控制需要，经当地县级以上地方人民政府批准，可以在车站、港口、机场等相关场所派驻官方兽医。

第六十条　官方兽医执行动物防疫监督检查任务，应当出示行政执法证件，佩戴统一标志。

动物卫生监督机构及其工作人员不得从事与动物防疫有关的

经营性活动，进行监督检查不得收取任何费用。

第六十一条　禁止转让、伪造或者变造检疫证明、检疫标志或者畜禽标识。

检疫证明、检疫标志的管理办法，由国务院兽医主管部门制定。

第八章　保障措施

第六十二条　县级以上人民政府应当将动物防疫纳入本级国民经济和社会发展规划及年度计划。

第六十三条　县级人民政府和乡级人民政府应当采取有效措施，加强村级防疫员队伍建设。

县级人民政府兽医主管部门可以根据动物防疫工作需要，向乡、镇或者特定区域派驻兽医机构。

第六十四条　县级以上人民政府按照本级政府职责，将动物疫病预防、控制、扑灭、检疫和监督管理所需经费纳入本级财政预算。

第六十五条　县级以上人民政府应当储备动物疫情应急处理工作所需的防疫物资。

第六十六条　对在动物疫病预防和控制、扑灭过程中强制扑杀的动物、销毁的动物产品和相关物品，县级以上人民政府应当给予补偿。具体补偿标准和办法由国务院财政部门会同有关部门制定。

因依法实施强制免疫造成动物应激死亡的，给予补偿。具体补偿标准和办法由国务院财政部门会同有关部门制定。

第六十七条　对从事动物疫病预防、检疫、监督检查、现场处理疫情以及在工作中接触动物疫病病原体的人员，有关单位应当按照国家规定采取有效的卫生防护措施和医疗保健措施。

第九章　法律责任

第六十八条　地方各级人民政府及其工作人员未依照本法规定履行职责的，对直接负责的主管人员和其他直接责任人员依法给予处分。

第六十九条　县级以上人民政府兽医主管部门及其工作人员违反本法规定，有下列行为之一的，由本级人民政府责令改正，通报批评；对直接负责的主管人员和其他直接责任人员依法给予处分：

（一）未及时采取预防、控制、扑灭等措施的；

（二）对不符合条件的颁发动物防疫条件合格证、动物诊疗许可证，或者对符合条件的拒不颁发动物防疫条件合格证、动物诊疗许可证的；

（三）其他未依照本法规定履行职责的行为。

第七十条　动物卫生监督机构及其工作人员违反本法规定，有下列行为之一的，由本级人民政府或者兽医主管部门责令改正，通报批评；对直接负责的主管人员和其他直接责任人员依法给予处分：

（一）对未经现场检疫或者检疫不合格的动物、动物产品出具检疫证明、加施检疫标志，或者对检疫合格的动物、动物产品拒不出具检疫证明、加施检疫标志的；

（二）对附有检疫证明、检疫标志的动物、动物产品重复检疫的；

（三）从事与动物防疫有关的经营性活动，或者在国务院财政部门、物价主管部门规定外加收费用、重复收费的；

（四）其他未依照本法规定履行职责的行为。

第七十一条　动物疫病预防控制机构及其工作人员违反本法规定，有下列行为之一的，由本级人民政府或者兽医主管部门责令改正，通报批评；对直接负责的主管人员和其他直接责任人员依法给予处分：

（一）未履行动物疫病监测、检测职责或者伪造监测、检测结果的；

（二）发生动物疫情时未及时进行诊断、调查的；

（三）其他未依照本法规定履行职责的行为。

第七十二条　地方各级人民政府、有关部门及其工作人员瞒报、谎报、迟报、漏报或者授意他人瞒报、谎报、迟报动物疫情，或者阻碍他人报告动物疫情的，由上级人民政府或者有关部门责令改正，通报批评；对直接负责的主管人员和其他直接责任人员依法给予处分。

第七十三条　违反本法规定，有下列行为之一的，由动物卫生监督机构责令改正，给予警告；拒不改正的，由动物卫生监督机构代作处理，所需处理费用由违法行为人承担，可以处一千元以下罚款：

（一）对饲养的动物不按照动物疫病强制免疫计划进行免疫接种的；

（二）种用、乳用动物未经检测或者经检测不合格而不按照规定处理的；

（三）动物、动物产品的运载工具在装载前和卸载后没有及时清洗、消毒的。

第七十四条　违反本法规定，对经强制免疫的动物未按照国务院兽医主管部门规定建立免疫档案、加施畜禽标识的，依照《中华人民共和国畜牧法》的有关规定处罚。

第七十五条　违反本法规定，不按照国务院兽医主管部门规定处置染疫动物及其排泄物，染疫动物产品，病死或者死因不明的动物尸体，运载工具中的动物排泄物以及垫料、包装物、容器等污染物以及其他经检疫不合格的动物、动物产品的，由动物卫生监督机构责令无害化处理，所需处理费用由违法行为人承担，可以处三千元以下罚款。

第七十六条　违反本法第二十五条规定，屠宰、经营、运输动物或者生产、经营、加工、贮藏、运输动物产品的，由动物卫生监督机构责令改正、采取补救措施，没收违法所得和动物、动物产品，并处同类检疫合格动物、动物产品货值金额一倍以上五倍以下罚款；其中依法应当检疫而未检疫的，依照本法第七十八条的规定处罚。

第七十七条 违反本法规定，有下列行为之一的，由动物卫生监督机构责令改正，处一千元以上一万元以下罚款；情节严重的，处一万元以上十万元以下罚款：

（一）兴办动物饲养场（养殖小区）和隔离场所，动物屠宰加工场所，以及动物和动物产品无害化处理场所，未取得动物防疫条件合格证的；

（二）未办理审批手续，跨省、自治区、直辖市引进乳用动物、种用动物及其精液、胚胎、种蛋的；

（三）未经检疫，向无规定动物疫病区输入动物、动物产品的。

第七十八条 违反本法规定，屠宰、经营、运输的动物未附有检疫证明，经营和运输的动物产品未附有检疫证明、检疫标志的，由动物卫生监督机构责令改正，处同类检疫合格动物、动物产品货值金额百分之十以上百分之五十以下罚款；对货主以外的承运人处运输费用一倍以上三倍以下罚款。

违反本法规定，参加展览、演出和比赛的动物未附有检疫证明的，由动物卫生监督机构责令改正，处一千元以上三千元以下罚款。

第七十九条 违反本法规定，转让、伪造或者变造检疫证明、检疫标志或者畜禽标识的，由动物卫生监督机构没收违法所得，收缴检疫证明、检疫标志或者畜禽标识，并处三千元以上三万元以下罚款。

第八十条 违反本法规定，有下列行为之一的，由动物卫生监督机构责令改正，处一千元以上一万元以下罚款：

（一）不遵守县级以上人民政府及其兽医主管部门依法做出的有关控制、扑灭动物疫病规定的；

（二）藏匿、转移、盗掘已被依法隔离、封存、处理的动物和动物产品的；

（三）发布动物疫情的。

第八十一条　违反本法规定，未取得动物诊疗许可证从事动物诊疗活动的，由动物卫生监督机构责令停止诊疗活动，没收违法所得；违法所得在三万元以上的，并处违法所得一倍以上三倍以下罚款；没有违法所得或者违法所得不足三万元的，并处三千元以上三万元以下罚款。

动物诊疗机构违反本法规定，造成动物疫病扩散的，由动物卫生监督机构责令改正，处一万元以上五万元以下罚款；情节严重的，由发证机关吊销动物诊疗许可证。

第八十二条　违反本法规定，未经兽医执业注册从事动物诊疗活动的，由动物卫生监督机构责令停止动物诊疗活动，没收违法所得，并处一千元以上一万元以下罚款。

执业兽医有下列行为之一的，由动物卫生监督机构给予警告，责令暂停六个月以上一年以下动物诊疗活动；情节严重的，由发证机关吊销注册证书：

（一）违反有关动物诊疗的操作技术规范，造成或者可能造成动物疫病传播、流行的；

（二）使用不符合国家规定的兽药和兽医器械的；

（三）不按照当地人民政府或者兽医主管部门要求参加动物疫病预防、控制和扑灭活动的。

第八十三条　违反本法规定，从事动物疫病研究与诊疗和动物饲养、屠宰、经营、隔离、运输，以及动物产品生产、经营、加工、贮藏等活动的单位和个人，有下列行为之一的，由动物卫生监督机构责令改正；拒不改正的，对违法行为单位处一千元以上一万元以下罚款，对违法行为个人可以处五百元以下罚款：

（一）不履行动物疫情报告义务的；

（二）不如实提供与动物防疫活动有关资料的；

（三）拒绝动物卫生监督机构进行监督检查的；

（四）拒绝动物疫病预防控制机构进行动物疫病监测、检测的。

第八十四条　违反本法规定，构成犯罪的，依法追究刑事责任。

违反本法规定，导致动物疫病传播、流行等，给他人人身、财产造成损害的，依法承担民事责任。

第十章　附　　则

第八十五条　本法自 2008 年 1 月 1 日起施行。

附录 B　无规定动物疫病区管理技术规范（试行）

（农医发〔2007〕3 号节选）

1. 范围

本规范规定了动物、动物产品及其运载工具，相关场所的消毒技术。

本规范适用于动物、动物产品及其运载工具、相关场所的消毒。

2. 规范性引用文件

下列文件中的条款通过本规范的引用而成为本部分的条款。凡是注日期的引用文件，其随后的修改单（不包括勘误的内容）或修改版均不适用于本部分，然而，鼓励根据本部分达成协议的各方研究是否可使用这些文件的最新版本。凡是不注日期的引用文件，其最新版本适用于本规范。

GB/T 16569 畜禽产品消毒规范

3. 消毒药物使用原则

3.1　选择符合规定的有效消毒药品。

3.2　采用适当的消毒方法。

3.3　掌握准确的浓度和剂量。

3.4　注意个人防护。

4. 消毒的实施

4.1 饲养场的消毒

4.1.1 饲养舍的消毒可在空舍和有饲养动物的情况下实施。在有饲养动物的情况下，应选择低刺激性的消毒药物，一般使用喷雾方法，在喷雾时注意舍内各处的均匀度和药液的用量。

4.1.2 场内环境一般用喷洒消毒，也可用火焰消毒。

4.1.3 进出口消毒池应有足量的、保持有效浓度的消毒液，并根据浓度定期更换。

4.1.4 场内动物的排泄物采用堆积发酵方法消毒。

4.2 屠宰场（厂）的消毒

4.2.1 屠宰场进出口处的车辆消毒池应有足量的、保持有效浓度的消毒液，并根据难度定期更换。

4.2.2 待宰圈：每天清洗消毒 1 次，消毒方法同 4.1.1。

4.2.3 隔离圈：每天清洗消毒 2 次，消毒方法同 4.1.1。

4.2.4 车间：每日屠宰结束，地面用去油的物品清洗后再消毒，屠宰用具采用浸泡消毒或高温消毒。

4.2.5 场内环境一般用喷洒消毒。

4.2.6 每进行 1（批）次染疫动物、动物产品无害化处理，对场地、根据（包括运输工具）、盛装器皿等设备应进行消毒。

4.3 动物及动物产品交易场所的消毒

4.3.1 动物交易场所每日清理动物排泄物、废弃物等，并喷洒消毒 1 次。

4.3.2 动物产品交易场所每日清洗消毒 1 次。

4.4 动物及动物产品运载工具的消毒

4.4.1 运输动物、动物产品的交通工具在装前、卸后按规定进行清洗消毒。

4.4.2 经铁路运输动物、动物产品的车辆，在铁路部门制定的车辆洗刷消毒站进行清洗消毒。

4.4.3 经公路运输动物、动物产品的车辆通过消毒通道或用电动喷雾器进行喷雾消毒。

4.4.4 经水路、航空运输动物、动物产品的传播、飞机及其他运载工具采用喷雾方法进行消毒。

4.5 冷库的消毒

可采用喷雾、熏蒸等方法消毒。

4.6 动物产品的消毒

可疑污染畜禽病原微生物的动物产品及其包装物的消毒按GB/T 16569—1996执行。

5. 消毒效果监测

5.1 熏蒸消毒监测

5.1.1 将装于布袋内的枯草杆菌芽胞染菌片（每片含菌1000万个）或化学指示袋（溴酚蓝指示剂）放入熏蒸室（器）内，同时安放入输药管道，并检查袋壁有无破损或破裂，然后封口。

5.1.2 熏蒸48小时后，取出染菌片，放入灭菌营养肉汤，37℃下培养24小时，观察有无细菌生长；或观察化学指示袋是否由无色变为紫色。若无细菌生长或指示袋变为紫色，证明消毒效果良好。

5.2 喷雾消毒效果监测

5.2.1 染菌样片（枯草杆菌芽胞或大肠杆菌）测定法。

5.2.1.1 将染菌样片置于具有代表性的各点。

5.2.1.2 消毒后无菌操作将染菌样片置入含有中和剂的营养肉汤中，充分震荡，经适当稀释，取适量稀释液，浇注平板，置于37℃温箱中培养24～48h，进行菌落计数，同时作对照样片，计算杀灭率。

5.2.1.3 杀灭率（%）=（对照样片回收菌落数−消毒后样片回收菌落数）×100% 对照样片回收菌落数。

5.3 浸泡消毒效果监测

5.3.1 将染菌样片放入布袋内，置于消毒容器（池）内。

5.3.2 消毒后，取出染菌样片，放入灭菌营养肉汤，37℃

下培养 24 小时，观察有无细菌生长，若无细菌生长，证明消毒效果良好。

附录 C　口蹄疫消毒技术规范

（NY/T 1956—2010）

1　范围

本标准规定了对口蹄疫疫点和疫区的紧急防疫消毒、终末消毒以及受威胁区和非疫区的预防消毒技术规范和消毒方法。

本标准适用于疑似或确认为口蹄疫疫情后的消毒。

2　规范性引用文件

下列文件对于本文件的应用是必不可少的。凡是注日期的引用文件，仅注日期的版本适用于本文件。凡是不注日期的引用文件，其最新版本（包括所有的修改单）适用于本文件。

NY/T 1168　畜禽粪便无害化处理技术规范

GB　16548　病害动物和病害动物产品生物安全处理规程

GB　18596　畜禽养殖业污染物排放标准

3　术语和定义

下列术语和定义适用于本文件。

3.1　疫点　infected premises，IP

为发病畜所在地点。病畜在饲养过程中的，散养畜以自然村为疫点，放牧畜以畜群放牧地为疫点，养殖场以病畜所在场为疫点；病畜在运输过程中的，以运载病畜的车、船、飞机等为疫点；病畜在市场的，以所在市场为疫点；病畜在屠宰加工过程中的，以屠宰加工厂（场）为疫点。

3.2　疫区　protection zone

以疫点为中心，半径 3km 以内的区域。划分疫区时，应注意考虑当地的饲养环境、人工和天然屏障（如河流、山脉等）。

3.3　受威胁区　surveillance zone

疫区周边外延 10km 以内的区域。划分受威胁区时，应注意

考虑当地的饲养环境、人工和天然屏障（如河流、山脉等）。

3.4 消毒 disinfection

用物理的、化学的和生物的方法杀灭染病动物机体表面及其环境中的病原体。

3.5 常规消毒 routine disinfection

又称定期消毒，是为了预防口蹄疫等疫病的发生，对畜舍、养殖场环境、用具、饮水等进行的常规消毒。

3.6 紧急防疫消毒 emergency disinfection

在口蹄疫等疫情发生后至解除封锁的一段时间内，对养殖场、畜舍、动物的排泄物、分泌物及其污染场所、用具等进行的紧急防疫消毒。

3.7 终末消毒 terminal disinfection

发生口蹄疫以后，待全部病畜及疫区范围内所有可疑家畜经无害化处理完毕，最后一头病畜死亡或扑杀后 14 天不再出现新的病例，需对疫区解除封锁之前，为了消灭疫区内可能残存的口蹄疫病毒所进行的全面彻底的消毒。

4 消毒

4.1 消毒方法

4.1.1 物理消毒法

借助物理因素杀灭口蹄疫病毒的方法。现推荐几种对口蹄疫病毒有效的常用物理消毒方法。

4.1.1.1 火焰喷射消毒

火焰喷射消毒器中喷射的火焰具有很高的温度，瞬间就能有效杀死物体表面的口蹄疫病毒。常用于砖混或水泥墙壁、地面、金属笼具、金属或水泥饲槽等非易燃物品的表面消毒。

4.1.1.2 煮沸消毒

从水沸腾开始计算时间，煮沸 5～10min 即可杀灭口蹄疫病毒。适用于金属、木质、玻璃、塑料等器具以及布类的消毒。

4.1.1.3 高压蒸汽灭菌消毒

利用高压蒸汽灭菌器在 15lb/in² 压力下（121.6℃）维持 15～30min，不仅能杀灭口蹄疫病毒，而且能杀死所有微生物的繁殖体及芽胞。适用于耐高温和耐水物品的消毒。

4.1.1.4 干烤消毒

利用干烤箱加热 120～130℃ 维持 2h，不仅能杀灭口蹄疫病毒，而且能杀死所有微生物的繁殖体及芽胞。适用于玻璃器具等耐高温物品的消毒。

4.1.1.5 流通蒸汽消毒

利用流通蒸汽灭菌器发出的 100℃ 左右的水蒸气进行消毒的方法。一般维持 15～39min，不仅可杀灭口蹄疫病毒，还可杀灭所有微生物的繁殖体。适用于耐高温和耐水物品的消毒。

4.1.1.6 巴氏消毒法

加温至 61.1～62.8℃ 维持 30min，可杀灭口蹄疫病毒。适用于不耐高温的物品的消毒。

4.1.2 化学消毒法

使用化学消毒剂杀灭口蹄疫病毒的方法。

4.1.2.1 喷雾法

将化学消毒剂配制成一定浓度的溶液后，装入喷雾器内，用喷雾器向被消毒的对象喷雾，对其进行消毒。

4.1.2.2 喷洒法

将化学消毒剂配制成一定浓度的溶液后，直接喷洒到待消毒的对象表面，对其进行消毒。

附录

4.1.2.3 擦拭法

用布块等浸蘸配置好的消毒药液，擦拭被消毒的物品，对其进行消毒。

4.1.2.4 浸泡法

将被消毒的物品浸泡于配制好的消毒药液内，对其进行消毒。

4.1.2.5 熏蒸法

将消毒剂加热或加入氧化剂，使其气化。气态的消毒剂会弥散到密闭空间内的每一个角落，从而在标准的浓度及时间内，达到消毒的目的。

4.2 消毒剂

选择消毒剂须遵从三条基本原则：一是对口蹄疫病毒敏感，工作浓度的酸类消毒剂 pH 小于 3、碱类消毒剂 pH 大于 13、含氯消毒剂中有效氯的浓度大于 60mg/L；二是国家批准的正规厂家所生产；三是具有生产批准文号。

4.2.1 氧化剂类消毒剂

4.2.1.1 醛类消毒剂

主要有甲醛、聚甲醛、戊二醛等，其中，以甲醛最为常用。适用于对畜舍等可密闭空间的熏蒸消毒。根据消毒空间的大小，将高锰酸钾按 7 ~ 21g/m³ 加入到 14 ~ 42mL 福尔马林（含甲醛 36%~38%）溶液中，对密闭的畜舍等进行熏蒸消毒 24h 以上。消毒时室温不低于 15℃，相对湿度应为 60%~80%。

4.2.1.2 过氧化物类消毒剂

主要有过氧乙酸、过氧化氢、环氧乙烷、高锰酸钾等，以过氧乙酸最为常用。市售消毒用过氧乙酸的浓度为 20% 左右，将其配成 0.5% 的水溶液，在 0 ~ 26℃ 下，可对被污染畜舍、屠宰场、食品厂、运动场、饲槽、器具、装置、运输车船、粪便、尸体、泔水、其他被污染物品等进行喷洒或喷雾消毒，对被污染耐腐蚀器具进行浸泡消毒和对被污染畜舍等可密闭空间进行熏蒸消毒。

4.2.2 碱类消毒剂

4.2.2.1 氢氧化钠（又名苛性钠或烧碱）

使用时需加热配成 1%~2% 的水溶液，将其喷洒到待消毒的对象上，维持 6 ~ 12h 后用清水冲洗干净。适用于被污染畜舍、屠宰场、食品厂、运动场、饲槽、器具、装置、运输车船、粪便、尸体、泔水、其他被污染物品等的喷洒消毒和被污染耐碱器具、装置、物品等的浸泡消毒。

4.2.2.2　草木灰水

将新鲜草木灰和水按1:5的比例混合，充分搅拌、煮沸1h，自然沉淀，取上清液（大约含1%苛性碱成分），用其对被污染畜舍、屠宰场、食品厂、运动场、饲槽、器具、装置、运输车船、粪便、尸体、泔水、其他被污染物品等进行喷洒消毒，也可用其对被污染耐碱器具、装置、物品等进行浸泡消毒。

4.2.2.3　生石灰

将生石灰和水按1:1的比例混合，制成熟石灰（氢氧化钙），然后将其配成10%~20%的混悬液。适用于被污染畜舍、屠宰场、食品厂、运动场、饲槽、器具、装置、运输车船、粪便、尸体、泔水、其他被污染物品等的喷洒消毒和被污染耐碱器具、装置、物品等的浸泡消毒。

4.2.3　酸类消毒剂

4.2.3.1　柠檬酸

0.2%的柠檬酸水溶液加入适量清洁剂后，可以改善其效力，适合于被污染畜舍、屠宰场、食品厂、运动场、饲槽、器具、装置、运输车船、粪便、尸体、泔水、其他被污染物品等的喷洒消毒和被污染耐酸器具、装置、物品等的浸泡消毒。

4.2.3.2　复合酚

将其按产品说明书标示的比例配制成水溶液后，适用于被污染畜舍、屠宰场、食品厂、运动场、饲槽、器具、装置、运输车船、粪便、尸体、泔水、其他污染物品等的喷洒或喷雾消毒。

4.2.4　含氯消毒剂

4.2.4.1　漂白粉

漂白粉，又称氯化石灰，是次氯酸钙（含32%~36%）、氯化钙（29%）、氧化钙（10%~18%）、氢氧化钙（15%）的混合物。漂白粉的有效氯含量一般在25%~30%之间。将其配制成10%~20%的混悬液，可对被污染畜舍、屠宰场、食品厂、运动

场、饲槽、器具、装置、运输车船、粪便、尸体、泔水、其他被污染物品等进行喷洒消毒，对被污染耐腐蚀器具进行浸泡消毒。应注意密闭保存，现配现用，不能用于金属和纺织品的消毒。

4.2.4.2　二氯异氰脲酸钠

按产品说明书标示的比例配制成水溶液后，可用于被污染畜舍、屠宰场、食品厂、运动场、饲槽、器具、装置、运输车船、粪便、尸体、泔水、其他被污染物品等的喷洒或喷雾消毒，以及被污染器具、装置、物品等的浸泡消毒。

4.2.5　含碘消毒剂

络合碘、碘酸、碘伏、碘甘油等均属于含碘消毒剂，常用于皮肤、黏膜等的擦拭消毒。

4.2.6　对口蹄疫病毒不敏感的消毒剂

醇类消毒剂如乙醇、甲醇、异丙醇等，常用于对其他微生物的消毒，但对口蹄疫病毒无杀灭作用，在口蹄疫消毒中忌用。季铵盐和酚类消毒剂，对口蹄疫病毒杀灭效果较差，在口蹄疫消毒中慎用。

5　疫点、疫区的紧急防疫消毒

5.1　病畜舍的消毒

5.1.1　病畜舍清理前的消毒

在彻底清理被污染的病畜舍之前，须用 0.5% 的过氧乙酸等消毒剂对其进行喷雾消毒。

5.1.2　病畜舍的清理

彻底将病畜舍内的粪便、垫草、垫料、剩草、剩料等各种污物清理干净，对清理出来的污物按 NY/T 1168 进行无害化处理。将可移动的设备和用具搬出畜舍，集中堆放到指定的地点进行清洗、消毒。

5.1.3　火焰消毒

病畜舍经清扫后，用火焰喷射器对畜舍的墙裙、地面、用具等非易燃物品进行火焰消毒。

5.1.4 冲洗

病畜舍经火焰消毒后，对其墙壁、地面、用具，特别是屋顶木梁、桁架等，用高压水枪进行冲刷，清洗干净。对冲洗后的污水要收集到一起进行消毒，并做无害化处理，达到 GB 18596 的要求。

5.1.5 喷洒消毒

待病畜舍地面水干后，用消毒液对地面和墙壁等进行均匀、足量地喷雾或喷洒消毒。为使消毒更加彻底，首次消毒冲洗后间隔一定时间，进行第二次甚至第三次消毒。

5.1.6 熏蒸消毒

病畜舍经喷洒消毒后，关闭门窗和风机，用福尔马林密闭熏蒸消毒 24h 以上。

5.2 病畜舍外环境的消毒

对疫点、疫区养殖场内病畜舍的外环境，先喷洒消毒剂全面消毒后，彻底清理干净，再进行第二次消毒。

5.3 疫点、疫区交通道路、运输工具、出入人员的消毒

5.3.1 出入疫区的交通要道必须设立临时消毒站。

5.3.2 疫区内所有运载工具应严格消毒。车辆内外及所有角落和缝隙都须用消毒剂全面消毒后，用清水冲洗干净，再进行第二次消毒，不留任何死角。

5.3.3 对车辆上的物品必须进行严格消毒。

5.3.4 从车辆上清理下来的垃圾、粪便等污物须经过彻底消毒后，按 NY/T 1168 的规定做无害化处理。

5.3.5 封锁期间，疫区道口消毒站必须对出入人员进行严格消毒。

5.4 牲畜市场的清洗消毒

疫点、疫区所在的牲畜市场，必须用消毒剂全面喷洒消毒后，彻底清理干净，再进行第二次消毒。对清理的废饲料和粪便等污物须按 NY/T 1168 的规定做无害化处理。

5.5　屠宰、加工、储藏等场所的清洗消毒

5.5.1　疫点、疫区所在的屠宰、加工、贮藏等场所的所有牲畜及其产品均须按 GB 16548 的规定做无害化处理。

5.5.2　圈舍、过道和舍外区域用消毒剂喷洒消毒后清洗干净，再进行第二次消毒。

5.5.3　所有设备、桌子、冰箱、地板、墙壁等均用消毒剂喷洒消毒后洗洗干净。

5.5.4　所有衣物用消毒剂浸泡消毒后清洗干净，其他物品都要用适当的方式进行消毒。

5.6　低温条件下的消毒

在低温条件下，用33%甲醇水溶液配制过氧乙酸可有效杀灭口蹄疫病毒，醇类不仅对过氧乙酸是一个增效剂，而且是一个抗冻剂。

5.7　主要动物产品的消毒

5.7.1　皮毛的消毒

对疫点、疫区内被污染或疑似被污染的皮毛，在解除封锁后，可通过环氧乙烷气体熏蒸消毒法进行消毒。

5.7.2　冻肉等冷冻产品的消毒

对疫点、疫区内库存的健康冻肉等冷冻产品，在解除封锁后，进行不透水、不透气的密闭包装，再用消毒剂对包装的外表面进行全面喷洒或喷雾消毒。

5.8　工作人员的消毒

参加疫病防控工作的各类人员及其穿戴的工作服、帽、手套、胶靴、所用器械等均应进行消毒。消毒方法可采用浸泡、喷洒、洗涤等；工作人员的手及皮肤裸露部位也应清洗、消毒。

6　疫点、疫区的终末消毒

在解除封锁前对疫点、疫区进行全面彻底的消毒，消毒方法参照紧急防疫消毒。对于集贸市场、加工厂等进行终末消毒后，一个月内不宜再进易感动物。

7 受威胁区的预防消毒

受口蹄疫威胁区的养殖场、家畜产品集贸市场、动物产品加工厂等场所以及交通运输工具等均应加强预防消毒工作。

8 非疫区预防性消毒

非口蹄疫疫区的养殖场、家畜产品集贸市场、动物产品加工厂等场所以及交通运输工具等均应加强平时的预防消毒工作。

9 污水处理

以上消毒所产生的污水直接排放时，应符合 GB 18596 的规定。

10 重新恢复饲养的消毒效果监测

在终末消毒后，试养 10 头左右口蹄疫易感动物（口蹄疫抗体阴性）作为"哨兵"动物，让"哨兵"动物进入养殖场的每个建筑物或动物饲养区。每日观察"哨兵"的临床症状，连续观察 28d（对于两个潜伏期）。"哨兵"进入农场或在农场中最后移动达 28d 后，采集血样，监测口蹄疫病毒抗体。若口蹄疫病毒抗体阴性，则表明消毒彻底、效果可靠。

附录 D　病害动物和病害动物产品生物安全处理规程

（GB 16548—2006）

《病害动物和病害动物产品生物安全处理规程》为强制性标准，替代 GB 16548—1996，适用于国家规定的染疫动物及其产品，病死、毒死或者死因不明的动物尸体，经检验对人畜健康有危害的动物和病害动物产品、国家规定应该进行生物安全处理的动物和动物产品。

1　范围

本标准规定了病害动物和病害动物产品的销毁、无害化处理的技术要求。

本标准适用于国家规定的染疫动物及其产品、病死毒死或者死因不明的动物尸体、经检验对人畜健康有危害的动物和病害动

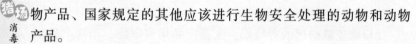

物产品、国家规定的其他应该进行生物安全处理的动物和动物产品。

2 术语和定义

下列术语和定义适用于本标准。

2.1 生物安全处理 hiosafety disposal

通过用焚毁、化制、掩埋或其他物理、化学、生物学等方法将病害动物尸体和病害动物产品或附属物进行处理，以彻底消灭其所携带的病原体。达到消除病害因素，保障人畜健康安全的目的。

3 病害动物和病害动物产品的处理

3.1 运送

运送动物尸体和病害动物产品应采用密闭、不渗水的容器，装前卸后必须要消毒。

3.2 销毁

3.2.1 适用对象

3.2.1.1 确认为口蹄疫、猪水泡病、猪瘟、非洲猪瘟、非洲马瘟、牛瘟、牛传染性胸膜肺炎、牛海绵状脑病、痒病、绵羊梅迪/维斯那病、蓝舌病、小反刍兽疫、绵羊痘和山羊痘、山羊关节炎脑炎、高致病性禽流感、鸡新城疫、炭疽、鼻疽、狂犬病、羊快疫、羊肠毒血症、肉毒梭菌中毒症、羊猝狙、马传染性贫血病、猪密螺旋体痢疾、猪囊尾蚴、急性猪丹毒、钩端螺旋体病（已黄染肉尸）、布鲁氏菌病、结核病、鸭瘟、兔病毒性出血症、野兔热的染疫动物以及其他严重危害人畜健康的病害动物及其产品。

3.2.1.2 病死、毒死或不明死因动物的尸体。

3.2.1.3 经检验对人畜有毒有害的、需销毁的病害动物和病害动物产品。

3.2.1.4 从动物体割除下来的病变部分。

3.2.1.5 人工接种病原微生物或进行药物试验的病害动物

和病害动物产品。

3.2.1.6 国家规定的其他应该销毁的动物和动物产品。

3.2.2 操作方法

3.2.2.1 焚毁

将病害动物尸体、病害动物产品投入焚化炉或用其他方式烧毁碳化。

3.2.2.2 掩埋

本法不适用于患有炭疽等芽胞杆菌类疫病，以及牛海绵状脑病、痒病的染疫动物及产品、组织的处理。具体掩埋要求如下：

1）掩埋地应远离学校、公共场所、居民住宅区、村庄、动物饲养和屠宰场所、饮用水源地、河流等地区；

2）掩埋前应对需掩埋的病害动物尸体和病害动物产品实施焚烧处理；

3）掩埋坑底铺2cm厚生石灰；

4）掩埋后需将掩埋土夯实。病害动物尸体和病害动物产品上层应距地表1.5m以上；

5）焚烧后的病害动物尸体和病害动物产品表面，以及掩埋后的地表环境应使用有效消毒药喷、洒消毒。

3.3 无害化处理

3.3.1 化制

3.3.1.1 适用对象

除3.2.1规定的动物疫病以外的其他染病的染疫动物。以及病变严重、肌肉发生退行性变化的动物的整个尸体或胴体、内脏。

3.3.1.2 操作方法

利用干化、湿化机，将原料分类，分别投入化制。

3.3.2 消毒

3.3.2.1 适用对象

除3.2.1规定的动物疫病以外的其他染病的染疫动物的生皮、

附录

原毛以及未经加工的蹄、骨、角、绒。

3.3.2.2 操作方法

3.3.2.2.1 高温处理法

适用于染疫动物蹄、骨和角的处理。

将肉尸作高温处理时剔出的骨、蹄、角放入高压锅内蒸煮至骨脱胶或脱脂时止。

3.3.2.2.2 盐酸食盐溶液消毒法

适用于被病原微生物污染或可疑被污染和一般染疫动物的皮毛消毒。用2.5%盐酸溶液和15%食盐水溶液等量混合。将皮张浸泡在此溶液中，并使溶液温度保持在30℃左右，浸泡40h，$1m^2$ 的皮张用10L消毒液，浸泡后捞出沥干，放入2%氢氧化钠溶液中，以中和皮张上的酸，再用水冲洗后晾干。也可按100mL 25%食盐水溶液中加入盐酸1mL配制消毒液．在室温15℃条件下浸泡48h，皮张与消毒液之比为1:4。浸泡后捞出沥干。再放入1%氢氧化钠溶液中浸泡，以中和反张上的酸，再用水冲洗后晾干。

3.3.2.2.3 过氧乙酸消毒法

适用于任何染疫动物的皮毛消毒。

将皮毛放入新鲜配制的2%过氧乙酸溶液中浸泡30min，捞出，用水冲洗后晾干。

3.3.2.2.4 碱盐液浸泡消毒法

适用于被病原微生物污染的皮毛消毒。

将皮毛浸入5%碱盐液（饱和盐水内加5%氢氧化钠）中，室温（18～25℃）浸泡24h，并随时加以搅拌，然后取出挂起，待碱盐液流净，放入5%盐酸液内浸泡，使皮上的酸碱中和，捞出，用水冲洗后晾干。

3.3.2.2.5 煮沸消毒法

适用于染疫动物鬃毛的处理。

将鬃毛于沸水中煮沸2～2.5h。

附录 E　规模猪场兽医防疫规程

1　范围

本标准规定了规模猪场兽医防疫基本原则，以及为使消毒、免疫接种、药物使用和疫情扑灭等技术要求。

本标准适用于规模猪场的兽医防疫管理工作，其他类型猪场可参照执行。

2　规范性引用文件

下列文件中的条款通过本标准的饮用而成为本标准的条款。凡是注日期的引用文件，其随后的修改单（不包括勘误的内容）或修改版均不适用于本部分，然而，鼓励根据本部分达成协议的各方研究是否可使用这些文件的最新版本。凡是不注日期的引用文件，其最新版本适用于本标准。

GB 5749　生活饮用水卫生标准

GB 13078　饲料卫生标准

GB 16548　病害动物和病害动物产品生物安全处理规程

GB/T 17824.1　规模猪场建设

GB/T 17824.3　规模猪场环境参数及环境管理

GB 18596　畜禽场养殖业污染排放标准

中华人民共和国畜牧法

中华人民共和国动物防疫法

中华人民共和国兽药典

3　总则

3.1　猪场的兽医防疫与生产管理应符合《中华人民共和国动物防疫法》《中华人民共和国畜牧法》的规定。

3.2　猪场选址、布局的防疫要求按照 GB/T 17824.1 执行，环境要求按照 GB/T 17824.3 执行，饲料卫生按照 GB 13078 执行，饮用水应符合 GB 5749 的规定，病害猪处理按照 GB 16548 执行，粪污排放应符合 GB 18596 的要求，猪群周转采用全进全出制。

3.3 工作人员应定期进行身体检查，确保饲养人员身体健康。

3.4 场内应防鼠、防蚊、防虫和防鸟，禁止饲养禽、犬、猫及其他动物。

3.5 场内不得外购、带入可能染疫的动物产品及物品。

3.6 坚持自繁自养的原则，必须引进种猪时，应从非疫区引进，并有《动物产地检疫合格证》《动物及动物产品运载工具消毒证明》；种猪引入后应隔离饲养30天，观察、检疫确认健康后方可并群饲养，并按照免疫程序接种疫苗。

4 卫生消毒

4.1 基本要求

4.1.1 应根据消毒对象、要求、地点、时间、温度、气候等条件选用消毒剂和消毒方法。消毒剂应高效、低毒、具有光谱性，对人、猪和设备没有破坏性，不会在猪体内产生有害蓄积。消毒方法包括喷雾消毒、喷洒消毒、浸润消毒、熏蒸消毒和火焰消毒等。

4.1.2 消毒液的配制浓度要准确，消毒池的药液应定期更换，以保持其有效浓度和消毒效果。

4.2 场区要求

4.2.1 保持场区的清洁卫生，定期对猪舍周围、粪污池、下水道出口等进行喷洒消毒。

4.2.2 猪场大门入口处应设置宽同大门相同、长等于进场大型机动车轮一周半的消毒池，消毒液宜为3%~4%的氢氧化钠溶液，池内药液高度为15~20cm。

4.2.3 生产区和各猪舍的入口处应有消毒池和消毒盆，场内工作人员进出猪舍时，应更换工作服和鞋帽，洗手消毒；饲养员不宜相互串栋。严格控制外来人员进入猪舍，必须进入时，应淋浴、更换场区工作服、工作靴和工作帽，并遵守场内的消毒管理制度。

4.3 舍内要求

4.3.1 每天打扫猪舍卫生，及时清除粪污，保持猪床、料槽、通道和用具清洁卫生。

4.3.2 定期带猪消毒，哺乳母猪舍和保育猪舍每周2~3次，其他猪舍每周1~2次；母猪进入产房前应进行体表清洗和消毒，并用0.1%高锰酸钾溶液对外阴和乳房清洗消毒；仔猪断脐后应严格消毒。

4.3.3 每批猪只调出后，猪舍要严格进行清扫、冲洗和消毒，并空圈5~7天后再装猪。

5 免疫接种

5.1 免疫程序

5.1.1 根据国家兽医部门的相关规定，结合本地区气候、环境条件、疫病流行病种类和发生规律，制定出适合本场的个性化免疫程序。

5.1.2 严格按照本场制定的免疫程序进行免疫。

5.2 疫苗注射

5.2.1 选购具有国家正式批准文号的疫苗，疫苗类型应符合本场免疫程序的要求。

5.2.2 严格按照疫苗说明书保存、运输和使用疫苗。

5.2.3 免疫前应检查疫苗的质量、封装和有效期，严禁使用变质、过期的疫苗。

5.2.4 注射疫苗时应不漏注、不重复注射，避免交叉感染。

5.2.5 疫苗使用后，应对相关用具和剩余疫苗进行生物安全处理。

5.3 免疫登记

应登记接种疫苗的名称、生产厂家、批号、剂型、剂量、数量以及接种时间、部位、猪只数量、类型、猪舍号、免疫人员等，以备查考。

5.4 免疫监测

5.4.1 免疫后及时观察猪群，若出现异常现象，应及时上报，并采取相应措施。

5.4.2 猪只免疫21天后检测血液中的免疫抗体，群体免疫抗体合格率应高于70%，达不到标准的，应尽快查明原因并实施一次加强免疫，以确保免疫效果。

6 药物使用

6.1 用药要求

6.1.1 兽药使用按照《中华人民共和国兽药典》的规定执行。

6.1.2 禁止使用假、劣兽药以及兽医行政管理部门规定禁止使用的药品和其他化合物。

6.1.3 禁止在饲料和饮水中添加兽医行政管理部门规定禁用的药物。经批准可在饲料中添加的兽药，应由兽药生产企业制成药物饲料添加剂后方可添加。

6.1.4 兽药应在兽医指导下使用，遵守兽医行政管理部门关于兽药安全使用的规定，严格执行兽药休药期规定。

6.1.5 建立详细的用药记录，包括猪号、发病时间、临床症状、药物名称、给药途径、给药剂量、用药时间、用药效果等，有效记录应保存两年以上。

6.2 治疗用药

6.2.1 治疗用药应凭兽医处方购买，按照规定的用法与用量使用。

6.2.2 禁止盲目使用药物特别是抗生素药物。

6.3 驱虫药物

6.3.1 应根据本地区寄生虫病发生或流行情况制定适合本场的寄生虫病控制程序。

6.3.2 根据药物特点和寄生虫种类选择高效、安全、光谱的抗寄生虫药，遵照药物使用说明并在兽医指导下使用。

7 疫情扑灭

7.1 当猪场发生疫情时，应遵守国家有关规定并向当地动物防疫机构报告。

7.2 在动物防疫机构指导下，根据疫病种类做好封锁、隔离、消毒、紧急预防、治疗和扑杀等工作，做大早发现、早确诊、早处理，把疫情控制在最小范围内。

7.3 当发生人畜共患病时，应同时向卫生部门报告，共同采取扑灭措施。

7.4 实施紧急消毒措施，根据病原种类选用高效消毒剂，对猪舍、周围环境、用具和猪只等采用不同消毒方法进行全面彻底的消毒。

7.5 外来人员和车辆应严格控制进入，必须进入时应进行全面消毒。

7.6 制定应急免疫程序，对辖区内的健康猪只进行紧急免疫接种。

7.7 最后一头病猪死亡或痊愈后，在该传染病最长潜伏期的观察期后不再出现新病例时，方可申请解除封锁，封锁期间严禁出售猪只及其产品。

附录F 规模猪场环境参数及环境管理

（GB/T 17824.3—2008）

1 范围

GB/T 17824 的本部分规定了规模猪场的场区环境和猪舍环境的相关参数及管理要求。

本部分适用于规模猪场的环境卫生管理，其他类型猪场也可参照执行。

2 规范性引用文件

下列文件中的条款通过 GB/T 17824 的本部分的引用而成为本部分的条款。凡是注日期的引用文件，其随后所有的修改单

（不包括勘误的内容）或修改版均不适用于本部分，然而，鼓励根据本部分达成协议的各方研究是否可使用这些文件的最新版本。凡是不注日期的引用文件，其最新版本适用于本部分。

GB 5479　生活饮用水卫生标准

GB 13078　饲料卫生标准

GB 16548　病害动物和病害动物产品生物安全处理规程

GB/T 17824.1　规模猪场建设

GB 18596　畜禽场养殖业污染物排放标准

3　术语和定义

下列术语和定义适用于 GB/T 17824 的本部分

3.1　规模猪场 intensive pig farms

采用现代养猪技术与设施设备，实行自繁自养、全年均衡生产工艺，存栏基础母猪 100 头以上的养猪场。

3.2　粉尘 dust

4　场区环境管理

4.1　场区布局按照 GB/T 17824.1 执行，应保持场区内清洁卫生，定期对门口、道路和地面进行消毒，定期灭蝇、灭蚊和灭鼠。

4.2　在场区及周围空闲地上种植花、草和环保树，可以绿化环境、净化空气、改善场区小气候。

4.3　场内的饲料卫生按照 GB 13078 执行。

4.4　配合饲料宜采用氨基酸平衡日粮，添加国家主管行政部门批准的微生物制剂、酶制剂和植物提取物，以提高饲料利用率，减少粪便、臭气等污染物的排放量。

4.5　场内水量充足，饮用水水质应达到 GB 5749 的要求，应定期检修供水设施，保障水质传送工程中无污染。

4.6　猪场粪污处理宜采用干湿分离、人工清粪方式；粪便经无害化处理后还田利用，污水经净化处理后应达到 GB 18596 的要求。

4.7　病死猪及其污染物应按照 GB 16548 的规定进行生物安

全处理。

4.8　应定期对场区空气和饮用水指标进行监测，以便及时掌控规模猪场的环境情况。

5　猪舍环境参数与环境管理

5.1　猪舍空气

5.1.1　温度和湿度参数

猪舍内空气的温度和相对湿度应符合表1的规定。

表1　猪舍内空气温度和相对湿度

猪舍类别	空气温度/℃			相对湿度（%）		
	舒适范围	高临界	低临界	舒适范围	高临界	低临界
种公猪舍	15～20	25	13	60～70	85	50
空怀妊娠母猪舍	15～20	27	13	60～70	85	50
哺乳母猪舍	18～22	27	16	60～70	80	50
哺乳仔猪保温箱	28～32	35	27	60～70	80	50
保育猪舍	20～25	28	16	60～70	80	50
生长育肥猪舍	15～23	27	13	65～75	85	50

注：1. 表中哺乳仔猪保温箱的温度是仔猪1周龄以内的临界范围，2周～4周龄时的下限温度可降至26℃～24℃。表中其他数值均指猪床上0.7m处的温度和湿度。

　　2. 表中的高、低临界值指生产临界范围，过高或过低都会影响猪的生产性能和健康状况。生长育肥猪舍的温度，在月份平均气温高于28℃时，允许将上限提高1～3℃，月份平均气温低于－5℃时，允许将下限降低1～5℃。

　　3. 在密闭式有采暖设备的猪舍，其适宜的相对湿度比上述数值要低5%～8%。

5.1.2　温度管理

5.1.2.1　哺乳母猪和哺乳仔猪需要的温度不同，应对哺乳仔猪采取保温箱单独供暖。

5.1.2.2　猪舍环境温度高于临界范围上限值时，应采取喷雾、湿帘和遮阳等降温措施，加强通风，保证清洁饮水，提高日粮营养水平。

5.1.2.3　猪舍环境温度低于临界范围下限值时，应采取供

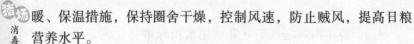

暖、保温措施，保持圈舍干燥，控制风速，防止贼风，提高日粮营养水平。

5.1.3 空气卫生

猪舍空气中的氨（NH_3）、硫化氢（H_2S）、二氧化碳（CO_2）、细菌总数和粉尘不宜超过表2的数值。

表2 猪舍空气卫生指标

猪 舍 类 别	氨/ （mg/m^3）	硫化氢/ （mg/m^3）	二氧化碳/ （mg/m^3）	细菌总数/ （万个/m^3）	粉尘/ （mg/m^3）
种公猪舍	25	10	1500	6	1.5
空怀妊娠母猪舍	25	10	1500	6	1.5
哺乳母猪舍	20	8	1300	4	1.2
保育猪舍	20	8	1300	4	1.2
生长育肥猪舍	25	10	1500	6	1.5

5.2 猪舍通风

5.2.1 猪舍通风时，气流分布应均匀，无死角，无贼风。

5.2.2 跨度小于10m的猪舍宜采用自然通风，并设地窗和屋顶风管；跨度大于10m或者全密闭的猪舍宜采用机械通风。

5.2.3 猪舍通风量和风速应符合表3的规定。

表3 猪舍通风量与风速

猪 舍 类 别	通风量/[$m^3/(h·kg)$]			风速/（m/s）	
	冬季	春秋季	夏季	冬季	夏季
种公猪舍	0.35	0.55	0.70	0.30	1.00
空怀妊娠母猪舍	0.30	0.45	0.60	0.30	1.00
哺乳猪舍	0.30	0.45	0.60	0.15	0.40
保育猪舍	0.30	0.45	0.60	0.20	0.60
生长育肥猪舍	0.35	0.50	0.65	0.30	1.00

注：1. 通风量是指每千克活猪每小时需要的空气量。

2. 风速是指猪只所在位置的夏季适宜值和冬季最大值。

3. 在月份平均温度≥28℃的炎热季节，应采取降温措施。

5.3　猪舍采光

5.3.1　猪舍的自然光照和人工照明应符合表 4 的数据要求。

表 4　猪舍采光参数

猪舍类别	自然光照		人工照明	
	窗地比	辅助照明/lx	光照度/lx	光照时间/h
种公猪舍	1:12 ~ 1:10	50 ~ 75	50 ~ 100	10 ~ 12
空怀妊娠母猪舍	1:15 ~ 1:12	50 ~ 75	50 ~ 100	10 ~ 12
哺乳猪舍	1:12 ~ 1:10	50 ~ 75	50 ~ 100	10 ~ 12
保育猪舍	1:10	50 ~ 75	50 ~ 100	10 ~ 12
生长育肥猪舍	1:15 ~ 1:12	50 ~ 75	30 ~ 50	8 ~ 12

注：1. 窗地比是以猪舍门窗等透光构件的有效透光面积为 1，与舍内地面积之比。

　　2. 辅助照明是指自然光照猪舍设置人工照明以备夜晚工作照明用。

5.3.2　猪舍人工照明宜使用节能灯，光照应均匀，按照灯距 3m、高度 2.1 ~ 2.4m、每灯光照面积 9 ~ 12m^2 的原则布置。

5.3.3　猪舍的灯具和门窗等透光构件应保持清洁。

5.4　猪舍噪声

5.4.1　各类猪舍的生产噪声和外界传入噪声不得超过 80dB，应避免突发的强烈噪声。

5.4.2　加强猪舍周围绿化，降低外部噪声的传入。

附录 G　畜禽规模养殖污染防治条例

（国务院令第 643 号）

第一章　总　　则

　　第一条　为了防治畜禽养殖污染，推进畜禽养殖废弃物的综合利用和无害化处理，保护和改善环境，保障公众身体健康，促进畜牧业持续健康发展，制定本条例。

　　第二条　本条例适用于畜禽养殖场、养殖小区的养殖污染防治。

畜禽养殖场、养殖小区的规模标准根据畜牧业发展状况和畜禽养殖污染防治要求确定。

牧区放牧养殖污染防治，不适用本条例。

第三条　畜禽养殖污染防治，应当统筹考虑保护环境与促进畜牧业发展的需要，坚持预防为主、防治结合的原则，实行统筹规划、合理布局、综合利用、激励引导。

第四条　各级人民政府应当加强对畜禽养殖污染防治工作的组织领导，采取有效措施，加大资金投入，扶持畜禽养殖污染防治以及畜禽养殖废弃物综合利用。

第五条　县级以上人民政府环境保护主管部门负责畜禽养殖污染防治的统一监督管理。

县级以上人民政府农牧主管部门负责畜禽养殖废弃物综合利用的指导和服务。

县级以上人民政府循环经济发展综合管理部门负责畜禽养殖循环经济工作的组织协调。

县级以上人民政府其他有关部门依照本条例规定和各自职责，负责畜禽养殖污染防治相关工作。

乡镇人民政府应当协助有关部门做好本行政区域的畜禽养殖污染防治工作。

第六条　从事畜禽养殖以及畜禽养殖废弃物综合利用和无害化处理活动，应当符合国家有关畜禽养殖污染防治的要求，并依法接受有关主管部门的监督检查。

第七条　国家鼓励和支持畜禽养殖污染防治以及畜禽养殖废弃物综合利用和无害化处理的科学技术研究和装备研发。各级人民政府应当支持先进适用技术的推广，促进畜禽养殖污染防治水平的提高。

第八条　任何单位和个人对违反本条例规定的行为，有权向县级以上人民政府环境保护等有关部门举报。接到举报的部门应当及时调查处理。

对在畜禽养殖污染防治中做出突出贡献的单位和个人，按照国家有关规定给予表彰和奖励。

第二章 预　　防

第九条　县级以上人民政府农牧主管部门编制畜牧业发展规划，报本级人民政府或者其授权的部门批准实施。畜牧业发展规划应当统筹考虑环境承载能力以及畜禽养殖污染防治要求，合理布局，科学确定畜禽养殖的品种、规模、总量。

第十条　县级以上人民政府环境保护主管部门会同农牧主管部门编制畜禽养殖污染防治规划，报本级人民政府或者其授权的部门批准实施。畜禽养殖污染防治规划应当与畜牧业发展规划相衔接，统筹考虑畜禽养殖生产布局，明确畜禽养殖污染防治目标、任务、重点区域，明确污染治理重点设施建设，以及废弃物综合利用等污染防治措施。

第十一条　禁止在下列区域内建设畜禽养殖场、养殖小区：

（一）饮用水水源保护区，风景名胜区；

（二）自然保护区的核心区和缓冲区；

（三）城镇居民区、文化教育科学研究区等人口集中区域；

（四）法律、法规规定的其他禁止养殖区域。

第十二条　新建、改建、扩建畜禽养殖场、养殖小区，应当符合畜牧业发展规划、畜禽养殖污染防治规划，满足动物防疫条件，并进行环境影响评价。对环境可能造成重大影响的大型畜禽养殖场、养殖小区，应当编制环境影响报告书；其他畜禽养殖场、养殖小区应当填报环境影响登记表。大型畜禽养殖场、养殖小区的管理目录，由国务院环境保护主管部门商国务院农牧主管部门确定。

环境影响评价的重点应当包括：畜禽养殖产生的废弃物种类和数量，废弃物综合利用和无害化处理方案和措施，废弃物的消纳和处理情况以及向环境直接排放的情况，最终可能对水体、土壤等环境和人体健康产生的影响以及控制和减少影响的方案和措施等。

第十三条 畜禽养殖场、养殖小区应当根据养殖规模和污染防治需要，建设相应的畜禽粪便、污水与雨水分流设施，畜禽粪便、污水的贮存设施，粪污厌氧消化和堆沤、有机肥加工、制取沼气、沼渣沼液分离和输送、污水处理、畜禽尸体处理等综合利用和无害化处理设施。已经委托他人对畜禽养殖废弃物代为综合利用和无害化处理的，可以不自行建设综合利用和无害化处理设施。

未建设污染防治配套设施、自行建设的配套设施不合格，或者未委托他人对畜禽养殖废弃物进行综合利用和无害化处理的，畜禽养殖场、养殖小区不得投入生产或者使用。

畜禽养殖场、养殖小区自行建设污染防治配套设施的，应当确保其正常运行。

第十四条 从事畜禽养殖活动，应当采取科学的饲养方式和废弃物处理工艺等有效措施，减少畜禽养殖废弃物的产生量和向环境的排放量。

第三章 综合利用与治理

第十五条 国家鼓励和支持采取粪肥还田、制取沼气、制造有机肥等方法，对畜禽养殖废弃物进行综合利用。

第十六条 国家鼓励和支持采取种植和养殖相结合的方式消纳利用畜禽养殖废弃物，促进畜禽粪便、污水等废弃物就地就近利用。

第十七条 国家鼓励和支持沼气制取、有机肥生产等废弃物综合利用以及沼渣沼液输送和施用、沼气发电等相关配套设施建设。

第十八条 将畜禽粪便、污水、沼渣、沼液等用作肥料的，应当与土地的消纳能力相适应，并采取有效措施，消除可能引起传染病的微生物，防止污染环境和传播疫病。

第十九条 从事畜禽养殖活动和畜禽养殖废弃物处理活动，

应当及时对畜禽粪便、畜禽尸体、污水等进行收集、储存、清运，防止恶臭和畜禽养殖废弃物渗出、泄漏。

第二十条　向环境排放经过处理的畜禽养殖废弃物，应当符合国家和地方规定的污染物排放标准和总量控制指标。畜禽养殖废弃物未经处理，不得直接向环境排放。

第二十一条　染疫畜禽以及染疫畜禽排泄物、染疫畜禽产品、病死或者死因不明的畜禽尸体等病害畜禽养殖废弃物，应当按照有关法律、法规和国务院农牧主管部门的规定，进行深埋、化制、焚烧等无害化处理，不得随意处置。

第二十二条　畜禽养殖场、养殖小区应当定期将畜禽养殖品种、规模以及畜禽养殖废弃物的产生、排放和综合利用等情况，报县级人民政府环境保护主管部门备案。环境保护主管部门应当定期将备案情况抄送同级农牧主管部门。

第二十三条　县级以上人民政府环境保护主管部门应当依据职责对畜禽养殖污染防治情况进行监督检查，并加强对畜禽养殖环境污染的监测。

乡镇人民政府、基层群众自治组织发现畜禽养殖环境污染行为的，应当及时制止和报告。

第二十四条　对污染严重的畜禽养殖密集区域，市、县人民政府应当制定综合整治方案，采取组织建设畜禽养殖废弃物综合利用和无害化处理设施、有计划搬迁或者关闭畜禽养殖场所等措施，对畜禽养殖污染进行治理。

第二十五条　因畜牧业发展规划、土地利用总体规划、城乡规划调整以及划定禁止养殖区域，或者因对污染严重的畜禽养殖密集区域进行综合整治，确需关闭或者搬迁现有畜禽养殖场所，致使畜禽养殖者遭受经济损失的，由县级以上地方人民政府依法予以补偿。

第四章　激 励 措 施

第二十六条　县级以上人民政府应当采取示范奖励等措施，

扶持规模化、标准化畜禽养殖，支持畜禽养殖场、养殖小区进行标准化改造和污染防治设施建设与改造，鼓励分散饲养向集约饲养方式转变。

第二十七条　县级以上地方人民政府在组织编制土地利用总体规划过程中，应当统筹安排，将规模化畜禽养殖用地纳入规划，落实养殖用地。

国家鼓励利用废弃地和荒山、荒沟、荒丘、荒滩等未利用地开展规模化、标准化畜禽养殖。

畜禽养殖用地按农用地管理，并按照国家有关规定确定生产设施用地和必要的污染防治等附属设施用地。

第二十八条　建设和改造畜禽养殖污染防治设施，可以按照国家规定申请包括污染治理贷款贴息补助在内的环境保护等相关资金支持。

第二十九条　进行畜禽养殖污染防治，从事利用畜禽养殖废弃物进行有机肥产品生产经营等畜禽养殖废弃物综合利用活动的，享受国家规定的相关税收优惠政策。

第三十条　利用畜禽养殖废弃物生产有机肥产品的，享受国家关于化肥运力安排等支持政策；购买使用有机肥产品的，享受不低于国家关于化肥的使用补贴等优惠政策。

畜禽养殖场、养殖小区的畜禽养殖污染防治设施运行用电执行农业用电价格。

第三十一条　国家鼓励和支持利用畜禽养殖废弃物进行沼气发电，自发自用、多余电量接入电网。电网企业应当依照法律和国家有关规定为沼气发电提供无歧视的电网接入服务，并全额收购其电网覆盖范围内符合并网技术标准的多余电量。

利用畜禽养殖废弃物进行沼气发电的，依法享受国家规定的上网电价优惠政策。利用畜禽养殖废弃物制取沼气或进而制取天然气的，依法享受新能源优惠政策。

第三十二条　地方各级人民政府可以根据本地区实际，对畜禽养殖场、养殖小区支出的建设项目环境影响咨询费用给予补助。

第三十三条　国家鼓励和支持对染疫畜禽、病死或者死因不明畜禽尸体进行集中无害化处理，并按照国家有关规定对处理费用、养殖损失给予适当补助。

第三十四条　畜禽养殖场、养殖小区排放污染物符合国家和地方规定的污染物排放标准和总量控制指标，自愿与环境保护主管部门签订进一步削减污染物排放量协议的，由县级人民政府按照国家有关规定给予奖励，并优先列入县级以上人民政府安排的环境保护和畜禽养殖发展相关财政资金扶持范围。

第三十五条　畜禽养殖户自愿建设综合利用和无害化处理设施、采取措施减少污染物排放的，可以依照本条例规定享受相关激励和扶持政策。

第五章　法律责任

第三十六条　各级人民政府环境保护主管部门、农牧主管部门以及其他有关部门未依照本条例规定履行职责的，对直接负责的主管人员和其他直接责任人员依法给予处分；直接负责的主管人员和其他直接责任人员构成犯罪的，依法追究刑事责任。

第三十七条　违反本条例规定，在禁止养殖区域内建设畜禽养殖场、养殖小区的，由县级以上地方人民政府环境保护主管部门责令停止违法行为；拒不停止违法行为的，处3万元以上10万元以下的罚款，并报县级以上人民政府责令拆除或者关闭。在饮用水水源保护区建设畜禽养殖场、养殖小区的，由县级以上地方人民政府环境保护主管部门责令停止违法行为，处10万元以上50万元以下的罚款，并报经有批准权的人民政府批准，责令拆除或者关闭。

第三十八条　违反本条例规定，畜禽养殖场、养殖小区依法应当进行环境影响评价而未进行的，由有权审批该项目环境影响评价文件的环境保护主管部门责令停止建设，限期补办手续；逾

期不补办手续的，处 5 万元以上 20 万元以下的罚款。

第三十九条　违反本条例规定，未建设污染防治配套设施或者自行建设的配套设施不合格，也未委托他人对畜禽养殖废弃物进行综合利用和无害化处理，畜禽养殖场、养殖小区即投入生产、使用，或者建设的污染防治配套设施未正常运行的，由县级以上人民政府环境保护主管部门责令停止生产或者使用，可以处 10 万元以下的罚款。

第四十条　违反本条例规定，有下列行为之一的，由县级以上地方人民政府环境保护主管部门责令停止违法行为，限期采取治理措施消除污染，依照《中华人民共和国水污染防治法》、《中华人民共和国固体废物污染环境防治法》的有关规定予以处罚：

（一）将畜禽养殖废弃物用作肥料，超出土地消纳能力，造成环境污染的；

（二）从事畜禽养殖活动或者畜禽养殖废弃物处理活动，未采取有效措施，导致畜禽养殖废弃物渗出、泄漏的。

第四十一条　排放畜禽养殖废弃物不符合国家或者地方规定的污染物排放标准或者总量控制指标，或者未经无害化处理直接向环境排放畜禽养殖废弃物的，由县级以上地方人民政府环境保护主管部门责令限期治理，可以处 5 万元以下的罚款。县级以上地方人民政府环境保护主管部门做出限期治理决定后，应当会同同级人民政府农牧等有关部门对整改措施的落实情况及时进行核查，并向社会公布核查结果。

第四十二条　未按照规定对染疫畜禽和病害畜禽养殖废弃物进行无害化处理的，由动物卫生监督机构责令无害化处理，所需处理费用由违法行为人承担，可以处 3000 元以下的罚款。

第六章　附　则

第四十三条　畜禽养殖场、养殖小区的具体规模标准由省级人民政府确定，并报国务院环境保护主管部门和国务院农牧主管部门备案。

第四十四条 本条例自 2014 年 1 月 1 日起施行。

附录 H 猪病种名录

类 别	畜 种	疫 病
一类猪疫病 （5 种）	猪病（5 种）	口蹄疫、猪水疱病、猪瘟、非洲猪瘟、高致病性猪蓝耳病
二类猪疫病 （21 种）	包括猪多种动物共患病 （9 种）	伪狂犬病、布鲁氏菌病、魏氏梭菌病、副结核病、炭疽、狂犬病、弓形虫病、钩端螺旋体病、棘球蚴病
	猪疫病 （12 种）	猪繁殖与呼吸综合征（经典猪蓝耳病）、猪支原体肺炎、猪圆环病毒病、副猪嗜血杆菌病、猪细小病毒病、猪传染性萎缩性鼻炎、猪乙型脑炎、猪链球菌病、猪肺疫、猪丹毒、旋毛虫病、猪囊尾蚴病
三类猪疫病 （12 种）	包括猪多种动物共患病 （8 种）	大肠杆菌病、李氏杆菌病、类鼻疽、放线菌病、肝片吸虫病、丝虫病、附红细胞体病、Q 热
	猪疫病（4 种）	猪传染性胃肠炎、猪流行性感冒、猪副伤寒、猪密螺旋体痢疾

附录 I 某猪场消毒管理制度

（供参考）

一、空栏（舍）消毒

1. 猪群转出后，将栏（舍）地面和墙壁清扫干净。

2. 移走围栏、料槽、垫板、网架等设备，移走走廊上的垫料和剩余饲料，将地面清扫干净。

3. 将地面喷水浸润，30min 后用高压水枪冲洗干净。

4. 用消毒药自上而下将墙、地面及设备的表面充分喷湿消

毒，让地面和墙壁自然晾干，然后将各种设备消毒后放回原处安装。

二、猪舍外环境消毒

1. 非物料运输车辆不得进入猪场，特殊情况经相关负责人批准方可进入，并按照物料运输车辆消毒程序和方法进行消毒。

2. 场外停车场必须定期进行消毒，每月至少 2 次，且根据天气及疫情情况增加消毒次数。

3. 场区大门周围场地每周消毒 1 次，并根据天气及疫情情况增加消毒次数。

4. 装猪台每次使用前后都必须消毒。

5. 化粪池经常密闭加盖，进行发酵灭菌净化，每周在化粪池上下左右及四周 5～10m 范围内消毒 1 次。

三、场区内消毒

1. 主要通道口必须设消毒池，并设置喷雾消毒装置。

2. 凡入场的人员都必须更衣换鞋，并走专用消毒通道，按规定方法程序消毒。

3. 人员通道地面设浅消毒池，池中垫入有弹性的塑料地毯，保持适量清洁的消毒液，并经常添加消毒剂，保证对人员鞋底的有效消毒浓度。

4. 人员通道至猪舍门口设消毒盆，盆内装有碘制剂消毒液，人手浸泡消毒 1min 后用清水冲洗干净并擦干。

5. 场内道路、空地、运动场等每日清扫干净，每月进行 2～3 次消毒。

四、生产区消毒

1. 在生产区出入口设置喷雾消毒装置，其喷雾粒子直径为 80～100μm，喷射面为 1.5～2m，喷雾动力 10～15kg。

2. 每栋猪舍的门前设置脚踏消毒槽（消毒桶）、手消毒盆，每周至少更换 1 次消毒液。

五、工作人员消毒

1. 员工进入生产区更换清洁并经过消毒的工作服和帽子。

2. 工作服、鞋和帽不准穿出生产区，并定期更换清洗，用太阳光照射消毒或熏蒸消毒。

3. 员工入场时，用碘制剂对手进行擦洗消毒1min，在用清水冲洗后擦干。

4. 员工进入生产区应穿专用鞋，并经脚踏消毒池消毒。

六、运输工具、器具的消毒

1. 所有运载工具（车辆）必须经过大门及场内通道消毒池，对运输的车辆和猪一起经喷雾消毒装置进行喷雾消毒，或人工对车辆及猪一起进行喷雾消毒。

2. 随车人员如需下车，必须先在入口处对其及驾驶室进行消毒，否则不得下车。

3. 与猪只直接接触的各种设施，如小猪周转车、猪转移通道等，每次使用后必须严格清洗消毒。

4. 猪舍的各种器具和用具，应事先洗刷干净，浸泡消毒，干燥后再进行熏蒸消毒或喷雾消毒后备用。

七、带猪喷雾消毒

1. 猪舍内通道、栏（舍）墙体及猪群每周消毒1次。

2. 消毒后及时通风换气，减少猪应激，有利于保持猪体表及猪舍干燥舒适。

3. 喷雾量应根据猪舍的面积大小、地面湿度等情况和气候变化适当增减。

参 考 文 献

［1］孙卫东. 猪场消毒、免疫接种和药物保健技术［M］. 北京：化学工业出版社，2010.

［2］陈文贤. 兽医实用消毒技术［M］. 成都：西南交通大学出版社，2014.

［3］赵有. 实用猪鸡场消毒法［M］. 北京：中国农业出版社，1999.

［4］王振来. 猪场防疫消毒技术图解［M］. 北京：金盾出版社，2014.

［5］吴清民. 兽医传染病学［M］. 北京：中国农业大学出版社，2002.

［6］周芝佳. 养殖场环境卫生与控制［M］. 长春：吉林大学出版社，2014.

［7］王金和，包文奇. 兽医消毒实用技术［M］. 北京：化学工业出版社，2011.

［8］中华人民共和国卫生部. WS/T 367—2012 医疗机构消毒技术规范［S］. 北京：中国标准出版社，2012.

［9］中华人民共和国卫生部. WS/T 311—2009 医院隔离技术规范［S］. 北京：中国标准出版社，2009.